DIARIO del HORTELANO 2026

DIARIO *del* HORTELANO 2026

LA HUERTINA DE TONI

ESPASA

Primera edición: octubre, 2025

Diseño de cubierta: Planeta Arte & Diseño
Diseño y maquetación de interiores: María Pitironte
Ilustraciones de interior y de cubierta: Jesús Sanz García

Preimpresión: Safekat, S. L.

ISBN: 978-84-670-7893-0
Depósito legal: B. 2025-15.503

Impresión y encuadernación: Huertas, S. A.
Printed in Spain - Impreso en España

Este libro está dedicado a ti,
que me has apoyado y has disfrutado
de mi contenido.
Y especialmente a mis dos hijas,
Alicia y Mar. Son mi luz, mi salvación
y mi recompensa al levantarme
cada mañana.
¡Os quiero!

ÍNDICE

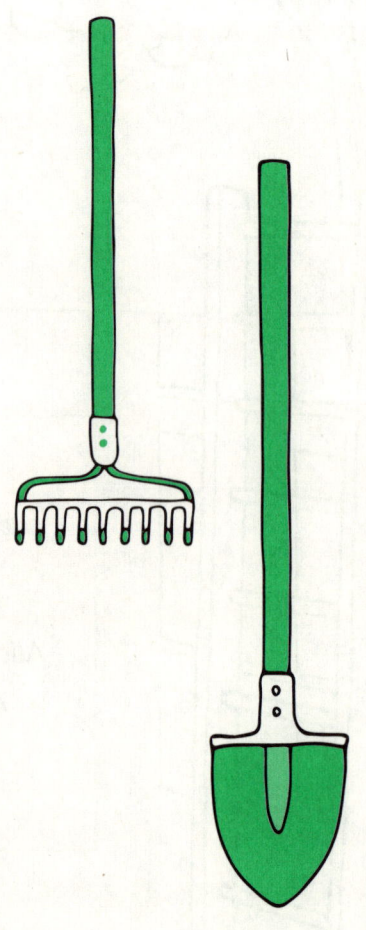

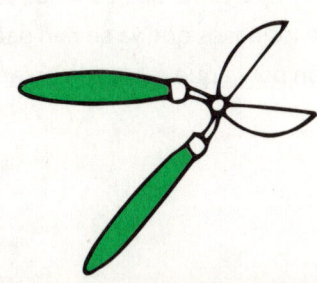

INTRODUCCIÓN

Cada vez somos más los amantes de la naturaleza y de la huerta ecológica, ya sea familiar (en jardín o terreno particular) o urbana (en la propia casa). En los últimos años, el interés por los cultivos a pequeña escala ha crecido de manera asombrosa, algo que yo mismo he podido comprobar con las visitas a mi blog (www.lahuertinadetoni.com) y los cientos de preguntas que mis lectores me plantean a diario.

Mi pasión por las plantas y los cultivos me viene de niño, de cuando mis padres me dejaron un pequeño rincón del jardín para que diera rienda suelta a mi vocación. Yo no sabía nada de huertos, ni de semillas, ni de cuándo y cómo sembrar, ni de cuándo es el mejor momento para cosechar... Tan solo me movían las ganas de ver brotar las semillas que con tanto mimo había colocado en la tierra. De entonces hasta ahora, tras muchos años de aprendizaje —y mucha paciencia—, mi sueño se ha hecho realidad, y con él las ganas de seguir aprendiendo y de ofrecer a los demás todo lo que sé sobre el mundo de la huerta.

Tener tu propio huerto ecológico significa trabajo, observación, ganas de seguir pese a los contratiempos —muchos de ellos inesperados—, buenas dosis de sentido común y, sobre todo, mucha paciencia. Aunque hay algo de «magia» en esto de llevar tu propio huerto, la clave está en la organización. Por ello, tras la publicación de mi libro anterior (*Vente al huerto,* Espasa, 2022), me di cuenta de lo importante que es tener las cosas claras y llevar un control detallado tanto de los pasos que ya se han dado como de los que quedan por dar. Esta es la razón por la que me he planteado este nuevo reto: este *Diario de un hortelano,* con un CUADERNO DE CAMPO incluido, que te permitirá llevar al día la evolución de tus cultivos y así hacer frente de manera eficaz y rápida a los obstáculos que seguro encontrarás (plagas y enfermedades, falta o exceso de agua, de luz, etc.) en el fascinante proceso de nacimiento, crecimiento y desarrollo de tus plantas. Además, al final de la temporada podrás repasar todo lo anotado y ver los aciertos y errores que has cometido, lo que te permitirá mejorar tu trabajo y sacarle aún más partido. Por ejemplo, si haces una siembra adelantada o un trasplante tardío y compruebas que una y otro salieron bien (lo tienes anotado), e incluso ese insecticida casero que ha sido todo un éxito... La siguiente temporada podrás servirte de esos mismos trucos y empezarás a ser un hortelano, «con su propio librillo», listo para seguir aprendiendo de tu propia experiencia.

También encontrarás un capítulo dedicado a la influencia de la Luna —las fases lunares— en el huerto, información que nuestros ancestros ya conocían, aunque hayamos tenido que esperar cientos de años para poder entenderla y transmitirla de manera coherente y sistematizada. En ese apartado encontrarás el calendario lunar de 2026, que te permitirá tener en cuenta las diferentes fases de la Luna a la hora de planificar tus actividades en el huerto y realizar un seguimiento detallado a partir de los resultados que obtengas. En el CUADERNO DE CAMPO podrás ver en qué fase se encuentra la Luna cada día; de esta manera tú mismo podrás hacer correlaciones y sacar conclusiones sobre la influencia que ejerce nuestro hermoso satélite en la evolución de tus cultivos.

Tener y cuidar tu propio huerto es una aventura maravillosa de la que sacarás enormes conocimientos y vivencias. Por eso te invito a registrarlo todo en este libro-cuaderno: gracias a tus anotaciones (recordatorios, avisos...) te convertirás en un hortelano cada vez más preparado y no habrá cultivo que se te resista.

CÓMO USAR ESTE DIARIO

Como verás en las siguientes páginas, en este libro encontrarás tanto información general sobre el huerto (calendario de siembra, asociaciones y rotaciones de cultivos, la influencia de las fases lunares en el huerto, las plagas y enfermedades más frecuentes, y cómo combatirlas…) como un exhaustivo y detallado **CUADERNO DE CAMPO,** es decir, una herramienta complementaria que te permitirá hacer anotaciones y sintetizar toda la información relativa a tu huerto ecológico y sus diferentes etapas y necesidades: la elección y preparación del suelo, los cultivos que has elegido sembrar, el momento exacto en que lo haces, los trasplantes e injertos, la frecuencia del riego, los posibles ataques de plagas, y las cosechas y recogidas de frutas y hortalizas.

Lo hemos organizado por **estaciones,** donde, en el apartado **«PLANIFICA TU HUERTO»,** te pido que dibujes, en las páginas cuadriculadas, la distribución de los cultivos de tu huerto para establecer así las rotaciones y asociaciones de cultivos más adecuadas. Fíjate en el siguiente ejemplo:

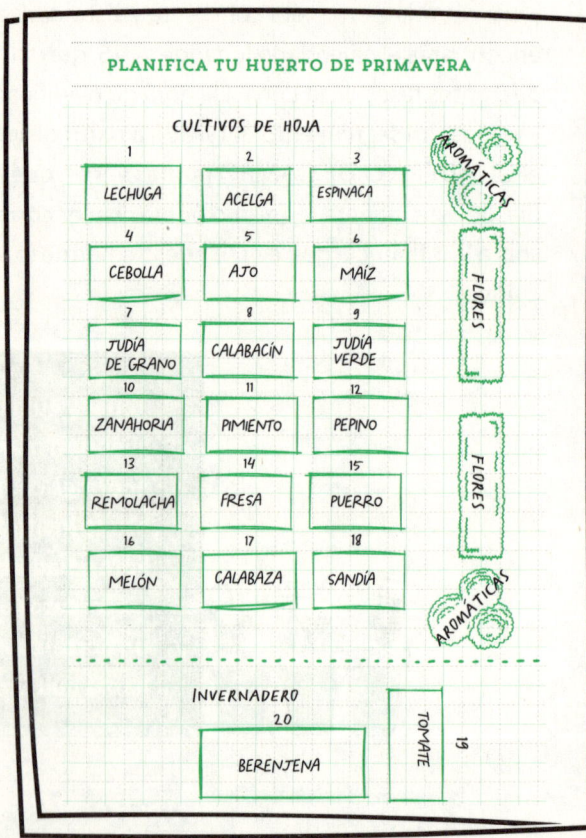

PLANIFICA TU HUERTO DE PRIMAVERA

CULTIVOS DE HOJA

1	2	3
LECHUGA	ACELGA	ESPINACA
4	5	6
CEBOLLA	AJO	MAÍZ
7	8	9
JUDÍA DE GRANO	CALABACÍN	JUDÍA VERDE
10	11	12
ZANAHORIA	PIMIENTO	PEPINO
13	14	15
REMOLACHA	FRESA	PUERRO
16	17	18
MELÓN	CALABAZA	SANDÍA

AROMÁTICAS

FLORES

FLORES

AROMÁTICAS

INVERNADERO
20
BERENJENA

TOMATE 19

También te propongo que en cada estación hagas un **LISTADO DE CULTIVOS,** teniendo siempre en cuenta la rotación y las asociaciones que deseas realizar:

LISTADO DE CULTIVOS
DE PRIMAVERA

CULTIVO	Nº DE BANCAL	CULTIVO	Nº DE BANCAL
ACELGA	2	TOMATE	19
AJO	5	ZANAHORIAS	10
BERENJENA	20		
CALABACÍN	8		
CALABAZA	17		
CEBOLLA	4		
ESPINACA	3		
FRESA	14		
JUDÍA DE GRANO	7		
JUDÍA VERDE	9		
LECHUGA	1		
MAÍZ	6		
MELÓN	16		
PEPINO	12		
PIMIENTO	11		
PUERRO	15		
REMOLACHA	13		
SANDÍA	18		

El diario propiamente dicho está dividido en **semanas** y **días,** y encontrarás espacios en blanco en cada uno de estos últimos para que anotes lo que está sucediendo diariamente en tu huerto, cuáles son las tareas que debes realizar y cuáles son los principales peligros a los que cada cultivo se enfrenta (falta de humedad, de sol, plagas o enfermedades…):

DIARIO DE INVIERNO

SEMANA 1   *Invierno que mucho hiela, cosecha de fruto espera*

LUNES 29 DICIEMBRE
Estado general de los cultivos
Tareas
Peligros (plagas y enfermedades)

MARTES 30 DICIEMBRE
Estado general de los cultivos
Tareas
Peligros (plagas y enfermedades)

MIÉRCOLES 31 DICIEMBRE
Estado general de los cultivos
Tareas
Peligros (plagas y enfermedades)

JUEVES 1 ENERO
Estado general de los cultivos
Tareas
Peligros (plagas y enfermedades)

Al final de cada semana encontrarás un apartado con **«NOTAS GENERALES»,** para que apuntes las tareas importantes que no debes olvidar para la semana siguiente, como, por ejemplo, adquirir utensilios para la siembra, proteger tus cultivos del frío o del calor, o modificar el sistema de riego ante el cambio de estación o de temperatura.

Con toda la información sintetizada y ordenada cronológicamente ya puedes enfrentarte de manera mucho más segura y eficaz a la siguiente temporada de siembra. Seguro que te sorprende la cantidad de situaciones imprevistas a las que tienes que enfrentarte, pero ten en cuenta que, si llevas tu **CUADERNO DE CAMPO** siempre al día, sabrás reaccionar a tiempo y no volverás a cometer los mismos errores.

Ahora ya solo me queda desearte que disfrutes al máximo de tu huerto y que te adentres en la maravillosa aventura que supone cultivar tus propias frutas y hortalizas. ¡¡¡Buena suerte!!!

LA LUNA

y su

INFLUENCIA

en el

HUERTO

A lo largo de los años, y a partir de la observación y la experiencia, nuestros antepasados aprendieron a realizar algunas actividades siguiendo el ritmo de los ciclos lunares. Una de las más importantes es la siembra y la recolección de cultivos, de las que hablaremos en este capítulo. Porque la Luna no solo nos «observa» desde el firmamento, sino que ejerce una influencia directa en la vida en la Tierra.

LA LUNA QUE
NOS DA DE COMER

La influencia de la Luna en la naturaleza terrestre es apreciable en numerosos fenómenos, siendo el de las mareas el más conocido. Sin embargo, desde hace milenios se ha visto que la posición de la Luna respecto de la Tierra y del Sol influye también —y mucho— en el estado de las plantas y de los cultivos, contribuyendo a su proceso de germinación, crecimiento y fructificación. Se ha comprobado que la savia de las plantas, la fotosíntesis o el enraizamiento de las semillas varían según la posición de la Luna, hasta el punto de poder afirmar que sembrar en un día u otro —es decir, en una fase lunar u otra— significará que la planta se desarrolle mejor o peor, que tenga más o menos fuerza y vitalidad, y que sus frutos sean de mejor o peor calidad. Así, por ejemplo, se ha observado que en los días inmediatamente anteriores, durante y justo después de la luna nueva (cuando se encuentra oculta tras el resplandor del Sol) se produce una especie de «parón vegetativo», hasta el punto de que si labramos la tierra en las noches de luna llena, veremos que las semillas apenas germinan. Sin embargo, si lo hacemos dos o tres días después (en fase de cuarto creciente), observaremos que las yemas brotan rápidamente. Es decir, estaríamos en un momento favorable para la siembra.

Este es solo un ejemplo de cómo la Luna participa en el desarrollo de nuestros cultivos, aportando energía tanto al suelo en el que sembramos como a los tallos, ramas, hojas y frutos de las plantas que estamos cultivando.

Así pues, para nosotros —como hortelanos que somos— es esencial conocer cómo «funciona» la Luna, cuáles son sus fases y de qué manera cada una de ellas actúa sobre nuestro huerto ecológico. Esta información nos permitirá organizar nuestras tareas de una manera mucho más eficaz, atendiendo siempre a los biorritmos de las plantas. Porque, a fin de cuentas, en un huerto siempre son ellas las que mandan.

FASES LUNARES Y QUÉ HACER
EN EL HUERTO EN CADA UNA DE ELLAS

La Luna gira alrededor de la Tierra (a una distancia media de 384.400 kilómetros, aunque la distancia real varía a lo largo de su órbita) reflejando la luz del Sol de forma distinta según su posición. Cuando se encuentra entre la Tierra y el Sol, su parte iluminada no es visible desde la Tierra: es lo que llamamos **luna nueva**, o novilunio. A continuación se va desplazando y observamos cómo la Luna se muestra como un semicírculo que aumenta progresivamente **(luna creciente)** hasta convertirse en un disco luminoso, que es la **luna llena,** o plenilunio. Después, la luz de la Luna mengua progresivamente **(luna menguante)** hasta la siguiente luna nueva.

Este fenómeno recibe el nombre de **revolución lunar sinódica,** y su duración media es de 29 días y medio.

Está comprobado que este movimiento rotatorio de la Luna alrededor de nuestro planeta afecta directamente al estado de las plantas. Así, por ejemplo, cuanto más nos acercamos a la luna llena, más fuerza poseen los cultivos para enfrentarse a plagas y enfermedades, mientras que su vitalidad disminuye al reducirse la luz reflejada por la Luna; es decir, cuanto más nos acercamos a la luna nueva.

Recuerda que el tiempo que tarda la Luna en atravesar todas sus fases es poco menos de un mes (mes lunar), concretamente 29 días, 12 horas y 43 minutos. Por tanto, cada fase lunar dura una semana aproximadamente.

FASE DE LUNA NUEVA:

es cuando la Luna vuelve su mitad en sombra hacia la Tierra o, dicho de otro modo, cuando se encuentra oculta tras el resplandor del Sol y, por tanto, sus rayos disminuyen y apenas nos llegan.

En esta fase, el flujo de la savia desciende y se concentra en las raíces, lo que hace que las hojas de las plantas crezcan a un ritmo más lento. En realidad, podría decirse que es una etapa de reposo, por lo que lo mejor es hacer trabajos de mantenimiento que no le supongan demasiado estrés a la planta.

FASE DE LUNA CRECIENTE:

la superficie de la Luna que podemos observar va en aumento.

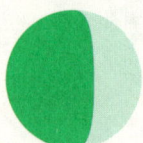

Puesto que en esta fase la luz lunar va en aumento, el flujo de savia asciende y se concentra en los tallos y en las ramas de las plantas. Si se siembra durante esta fase, el desarrollo será más rápido, ya que las semillas podrán absorber el agua del suelo más rápidamente y germinar en el tiempo previsto.

FASE DE LUNA LLENA:

es cuando puede verse toda la parte
iluminada de la Luna, formando un círculo
completo.

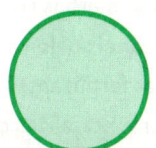

Esta fase marca justo la mitad del mes
lunar, que es justo cuando más y mejor
recibimos los rayos de la Luna (es decir,
los rayos del Sol que la Luna refleja).
Esto hace que las hojas de las plantas se desarrollen a más velocidad.
Sin embargo, las raíces crecen a un ritmo menor, pues la savia ya no se
concentra en ellas. La luna llena se asocia con la fertilidad, por lo que es
un buen momento para cosechar tus cultivos.

FASE DE LUNA MENGUANTE:

se produce cuando desde el suelo
podemos ver la segunda mitad de la parte
de la Luna iluminada por el Sol. Va justo
detrás de la luna llena y antes de la luna
nueva.

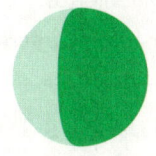

En esta fase, la luz lunar va
disminuyendo a medida que pasan los
días, lo que hace que la savia de las plantas
comience a desplazarse hacia las raíces para finalmente concentrarse
en ellas. Es la mejor fase para realizar trasplantes, quitar malas hierbas y
eliminar insectos. También es el momento ideal para sembrar hortalizas
que crecen bajo tierra.

En las siguientes tablas verás un resumen de los trabajos que se
aconsejan realizar en cada una de las fases lunares, así como los
cultivos más adecuados:

ACTIVIDADES EN LUNA NUEVA

- ☑ Eliminar hierbas competidoras y hojas marchitas.
- ☑ Preparar el suelo y abonar.
- ☑ Aplicar fertilizantes.
- ☑ Sembrar hortalizas de raíz: ajos, cebollas, zanahorias, nabos, puerros, apio.
- ☑ Podar.

ACTIVIDADES EN FASE DE CUARTO CRECIENTE

- ☑ Sembrar hortalizas de fruto: melones, tomates, calabazas, calabacines, berenjenas, pimientos, pepinos, sandías.
- ☑ Sembrar hortalizas de hoja: lechugas, espinacas, acelgas.
- ☑ Sembrar legumbres: judías, guisantes, judías verdes, habas, alubias.
- ☑ Sembrar perejil y zanahoria: aunque son cultivos de crecimiento lento, esta fase de la luna estimula su desarrollo.
- ☑ Realizar injertos.
- ☑ Podar árboles enfermos.

ACTIVIDADES EN LUNA LLENA

- ☑ Sembrar hortalizas de hoja: lechuga, acelgas, escarola, espinacas.
- ☑ Sembrar hortalizas de bulbo o tubérculo: cebolla, ajo, patata, nabo, rábano, hinojo, remolacha, apio, pepino, puerro, chalota.
- ☑ Trasplantar ajos, chalotas, cebollas, patatas.
- ☑ Cosechar para que duren más los frutos.
- ☑ Fertilizar.

ACTIVIDADES EN FASE DE CUARTO MENGUANTE

- ☑ Sembrar y trasplantar tubérculos: patatas, zanahorias, rábanos.
- ☑ Podar árboles y realizar injertos de brotes.
- ☑ Recolectar frutas y verduras bulbosas: cebollas, ajos, chalotas.
- ☑ Cosechar en general.

LUNARIO 2026

LUNARIO 2026

○ LLENA	● NUEVA	◗ CUARTO CRECIENTE	◗ CUARTO MENGUANTE

ENERO

LUNES	MARTES	MIÉRCOLES	JUEVES	VIERNES	SÁBADO	DOMINGO
			1	2	3 ○	4
5	6	7	8	9	10 ◖	11
12	13	14	15	16	17	18 ●
19	20	21	22	23	24	25
26 ◗	27	28	29	30	31	

FEBRERO

LUNES	MARTES	MIÉRCOLES	JUEVES	VIERNES	SÁBADO	DOMINGO
						1 ○
2	3	4	5	6	7	8
9 ◗	10	11	12	13	14	15
16	17 ●	18	19	20	21	22
23	24 ◗	25	26	27	28	

MARZO

LUNES	MARTES	MIÉRCOLES	JUEVES	VIERNES	SÁBADO	DOMINGO
						1
2	3 ○	4	5	6	7	8
9	10	11 ◖	12	13	14	15
16	17	18	19 ●	20	21	22
23	24	25 ◗	26	27	28	29
30	31					

ABRIL

LUNES	MARTES	MIÉRCOLES	JUEVES	VIERNES	SÁBADO	DOMINGO
		1	2 ○	3	4	5
6	7	8	9	10 ◖	11	12
13	14	15	16	17 ●	18	19
20	21	22	23	24 ◗	25	26
27	28	29	30			

MAYO

LUNES	MARTES	MIÉRCOLES	JUEVES	VIERNES	SÁBADO	DOMINGO
				1 ○	2	3
4	5	6	7	8	9 ◖	10
11	12	13	14	15	16 ●	17
18	19	20	21	22	23 ◗	24
25	26	27	28	29	30	31 ○

JUNIO

LUNES	MARTES	MIÉRCOLES	JUEVES	VIERNES	SÁBADO	DOMINGO
1	2	3	4	5	6	7
8 ◖	9	10	11	12	13	14
15 ●	16	17	18	19	20	21 ◖
22	23	24	25	26	27	28
29	30 ○					

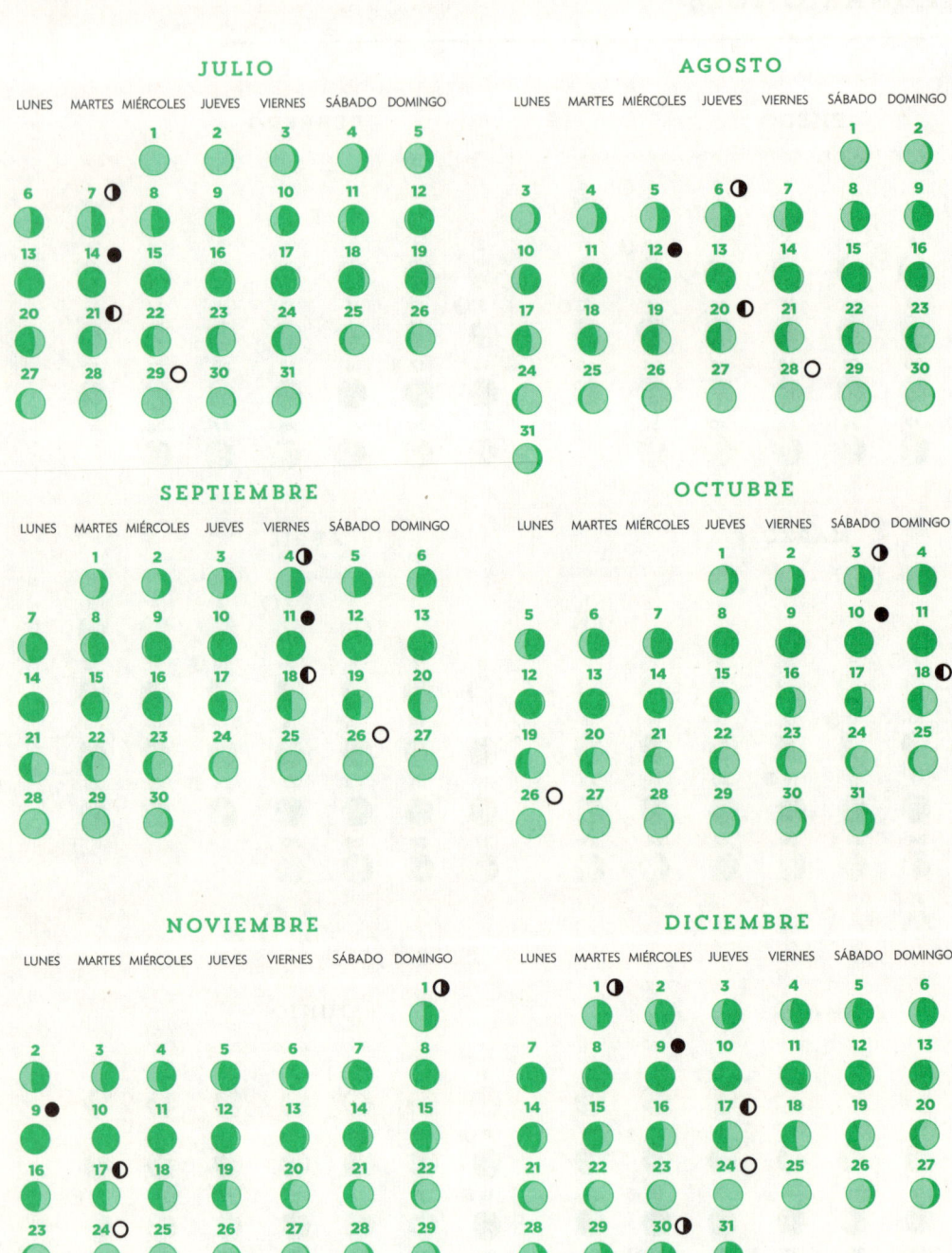

JULIO

LUNES	MARTES	MIÉRCOLES	JUEVES	VIERNES	SÁBADO	DOMINGO
		1	2	3	4	5
6	7	8	9	10	11	12
13	14	15	16	17	18	19
20	21	22	23	24	25	26
27	28	29	30	31		

AGOSTO

LUNES	MARTES	MIÉRCOLES	JUEVES	VIERNES	SÁBADO	DOMINGO
					1	2
3	4	5	6	7	8	9
10	11	12	13	14	15	16
17	18	19	20	21	22	23
24	25	26	27	28	29	30
31						

SEPTIEMBRE

LUNES	MARTES	MIÉRCOLES	JUEVES	VIERNES	SÁBADO	DOMINGO
	1	2	3	4	5	6
7	8	9	10	11	12	13
14	15	16	17	18	19	20
21	22	23	24	25	26	27
28	29	30				

OCTUBRE

LUNES	MARTES	MIÉRCOLES	JUEVES	VIERNES	SÁBADO	DOMINGO
		1	2	3	4	
5	6	7	8	9	10	11
12	13	14	15	16	17	18
19	20	21	22	23	24	25
26	27	28	29	30	31	

NOVIEMBRE

LUNES	MARTES	MIÉRCOLES	JUEVES	VIERNES	SÁBADO	DOMINGO
						1
2	3	4	5	6	7	8
9	10	11	12	13	14	15
16	17	18	19	20	21	22
23	24	25	26	27	28	29
30						

DICIEMBRE

LUNES	MARTES	MIÉRCOLES	JUEVES	VIERNES	SÁBADO	DOMINGO
	1	2	3	4	5	6
7	8	9	10	11	12	13
14	15	16	17	18	19	20
21	22	23	24	25	26	27
28	29	30	31			

Fuente: Instituto Geográfico Nacional

CALENDARIO LUNAR 2026

(POR FASES LUNARES)

LUNA NUEVA	CUARTO CRECIENTE	LUNA LLENA	CUARTO MENGUANTE
18 DE ENERO	26 DE ENERO	3 DE ENERO	10 DE ENERO
17 DE FEBRERO	24 DE FEBRERO	1 DE FEBRERO	9 DE FEBRERO
19 DE MARZO	25 DE MARZO	3 DE MARZO	11 DE MARZO
17 DE ABRIL	24 DE ABRIL	2 DE ABRIL	10 DE ABRIL
16 DE MAYO	23 DE MAYO	1 DE MAYO 31 DE MAYO	9 DE MAYO
15 DE JUNIO	21 DE JUNIO	30 DE JUNIO	8 DE JUNIO
14 DE JULIO	21 DE JULIO	29 DE JULIO	7 DE JULIO
12 DE AGOSTO	20 DE AGOSTO	28 DE AGOSTO	6 DE AGOSTO
11 DE SEPTIEMBRE	18 DE SEPTIEMBRE	26 DE SEPTIEMBRE	4 DE SEPTIEMBRE
10 DE OCTUBRE	18 DE OCTUBRE	26 DE OCTUBRE	3 DE OCTUBRE
9 DE NOVIEMBRE	17 DE NOVIEMBRE	24 DE NOVIEMBRE	1 DE NOVIEMBRE
9 DE DICIEMBRE	17 DE DICIEMBRE	24 DE DICIEMBRE	1 DE DICIEMBRE 30 DE DICIEMBRE

CALENDARIO

de

SIEMBRA

Conocer las condiciones climáticas generales de la zona en la que está situado tu huerto es fundamental para organizar adecuadamente tu trabajo como hortelano. Por eso, entre tus principales herramientas nunca puede faltar un calendario de siembra detallado y ajustado a tu microclima.

Antes de sembrar, trasplantar o recoger nuestras cosechas de frutas y verduras siempre debemos tener en cuenta la climatología y si estamos en la temporada del año adecuada para ello.

Un **calendario de siembra** es, por tanto, una guía básica que te ayudará a organizar tu tiempo y tus tareas, pero siempre atendiendo a las condiciones específicas y al microclima de la zona en la que tienes tu huerto. Lo necesitarás para llevar al día tu CUADERNO DE CAMPO y, como veremos en el capítulo siguiente, para decidir las rotaciones y asociaciones de cultivos más convenientes.

A continuación te ofrezco un **calendario de siembra** general en el que verás cuándo es el mejor momento para plantar tus cultivos, el tipo de siembra más aconsejable, el tiempo de germinación, crecimiento y cosecha, e incluso la cantidad de agua que cada cultivo necesita para desarrollarse adecuadamente.

Ten en cuenta que estos calendarios son siempre orientativos y que los plazos varían dependiendo de la zona o de la región en la que te encuentres; incluso en una misma región puede haber un margen de entre 15-30 días de diferencia tanto en la siembra como en la recolección. Por eso es bueno observar el trabajo de otros hortelanos de tu zona, preguntarles y conocer lo mejor posible el microclima en el que está ubicado tu huerto.

	SIEMBRA												RECOLECCIÓN EN
	INVIERNO			PRIMAVERA			VERANO			OTOÑO			
	DIC	ENE	FEB	MAR	ABR	MAY	JUN	JUL	AGO	SEP	OCT	NOV	
Acelga	◐	◐	◐	◐	●	●	●	●	●	◐	◐	◐	3-4 meses
Ajo	●	●								●	●		7 meses
Albahaca			●	●	◐	◐							2 meses
Alcachofa				●	●	●							1 año (dic.-marzo)
Apio	●	●	●	●		●				●	●		5 meses
Berenjena				●	●	●							5 meses
Borraja	●	●	●	●						●	●	●	2-4 meses
Brócoli						●	●	●	●				4-5 meses
Calabacín			●	●	◐	◐							3 meses
Calabaza				●	◐	◐							4-5 meses
Cebolla	●	●	●	●				●	●	●			5 meses
Cebollino			●	●	●								2 meses
Col				●	●	●	●	●					5-6 meses
Coliflor				●	●	●	●	●					6-7 meses
Escarola			●	●						●	●	●	2-5 meses
Espinaca	●	●	●	●	●	●	●	●	●	●	●	●	2-3 meses
Fresa				●	●	●	●						Abril-mayo
Guisante	●	●	●	●						●	●	●	4-5 meses
Haba	●									●	●	●	4-5 meses
Judía				●	●	●	●						2-3 meses
Lechuga	●	●	●	●	●	●	●	●	●	●	●	●	2-4 meses
Maíz				●	●	●	●						4-5 meses
Melón				●	●	◐	◐						5 meses
Nabo						●	●	●	●	●			3 meses
Patata			●	●	●								3-4 meses
Pepino			●	●	●	●							3-4 meses
Perejil	◐	◐	◐	◐	◐	◐	◐	◐	◐	◐	◐	◐	3 meses
Pimiento			●	●	●	●							3-4 meses
Puerro				●	●	●				●	●	●	6-7 meses
Rábano/ito	●	●	●	●	●	●	●	●	●	●	●		4-5 semanas
Remolacha			●	●	●	●	●	●					3-4 meses
Sandía				●	●	◐	◐						4-5 meses
Tomate			●	●	●								4-5 meses
Zanahoria			●	●	●	●	●	●					3-4 meses

Siembra directa ■ (verde)   Semillero ■ (gris)

RIEGO, CRECIMIENTO Y COSECHA

TIPO DE SIEMBRA	GERMINACIÓN	RIEGO
Directa/Semillero	7 días	Frecuente
Directa	5-7 días	Escaso y espaciado
Directa/Semillero	5-7 días	Generoso sin excesos
Semillero	12-15 días	Frecuente
Directa/Semillero	15-18 días	Frecuente
Semillero	6-10 días	Frecuente
Directa	6-10 días	Frecuente
Semillero	6-10 días	Frecuente
Directa/Semillero	6-10 días	Generoso y abonado
Directa/Semillero	6-10 días	Generoso y abonado
Directa/Semillero	10-12 días	Escaso y espaciado
Directa	6-10 días	Frecuente
Semillero	6-10 días	Mantener humedad
Semillero	6-10 días	Mantener humedad
Semillero	6-8 días	Frecuente
Directa	6-10 días	Ligero y frecuente
Semillero	15-20 días	Mantener humedad
Directa	6-10 días	Mantener humedad
Directa	6-10 días	Mantener humedad
Directa	8-10 días	3-4 veces por semana
Semillero	6-8 días	Ligero y frecuente
Directa	5-8 días	Abundante
Directa/Semillero	6-12 días	Frecuente
Directa	6-8 días	Frecuente
Directa	6 días	Generoso sin excesos
Directa/Semillero	8-10 días	Mantener humedad
Directa/Semillero	10-12 días	Cada 3 días
Semillero	7-12 días	Generoso y abonado
Semillero	12-15 días	Mantener humedad
Directa	6-8 días	Cada 2-3 días
Directa	7-12 días	Mantener humedad
Directa/Semillero	6-10 días	Frecuente
Semillero	8-10 días	Frecuente
Directa	12-15 días	Cada 2-3 días

HAZ TU PROPIO
CALENDARIO DE SIEMBRA

CULTIVO	E	F	M	A	M	J	J	A	S	O	N	D

Ten siempre a mano tu CALENDARIO DE SIEMBRA y organiza tu huerto teniendo en cuenta los tiempos que cada cultivo requiere. Como habrás visto, cada planta necesita unas condiciones determinadas para su buen desarrollo, y prácticamente todas sufren cuando se enfrentan a temperaturas extremas. Las heladas y el calor excesivo son las principales amenazas para tu huerto, por lo que yo siempre aconsejo estar atento a los partes meteorológicos y evitar el frío extremo protegiendo los cultivos con invernaderos, mantas térmicas o acolchados, y el calor con una mayor frecuencia de riego y/o renovando el acolchado del suelo. En mi libro anterior (*Vente al huerto*) te doy consejos útiles para que los cambios bruscos de temperatura no arruinen tus cosechas.

CULTIVOS QUE RESISTEN TEMPERATURAS BAJAS

Acelga. Aunque las bajas temperaturas pueden provocar su floración prematura, aguantan bastante bien las heladas ligeras.

Ajo. Un cultivo de larga temporada que debemos sembrar a mediados o finales de otoño para que tenga un desarrollo óptimo.

Canónigo. Ideales para sembrar en invierno, ya que con los primeros días de calor comenzarán a florecer.

Col. Aguanta muy bien las heladas, aunque es recomendable escoger una variedad de invierno.

Coliflor. Necesita captar mucho frío para florecer, pero cuidado con las heladas cuando saque la flor, porque el frío extremo puede dañarla.

Espinaca. Al igual que la acelga, esta hortaliza de hoja aguanta bien las bajas temperaturas del invierno si no son excesivamente extremas ni hay heladas continuadas.

Guisante. Si en tu zona las heladas no son excesivamente duras y continuadas, los guisantes pueden aguantar inviernos con temperaturas bajas. En primavera tendrás una buena cosecha.

Haba de mayo. Por lo general, las habas de mayo se siembran a mediados del otoño para cosecharlas en mayo, porque aguantan bien las heladas y las nevadas y, aunque sufren un poco, se recuperan enseguida.

Lechuga y escarola. Debemos plantarlas en septiembre u octubre, antes de las primeras heladas, pues durante sus primeras semanas de vida no soportan temperaturas tan bajas.

Puerro. Es un cultivo todo terreno (al igual que el ajo) que aguanta bien las heladas y alguna nevada.

Remolacha. Aguanta bien las bajas temperaturas, aunque lo mejor es sembrarla de marzo a noviembre.

Zanahoria. Son una apuesta segura para plantar en invierno.

ROTACIONES

y

ASOCIACIONES

de

CULTIVOS

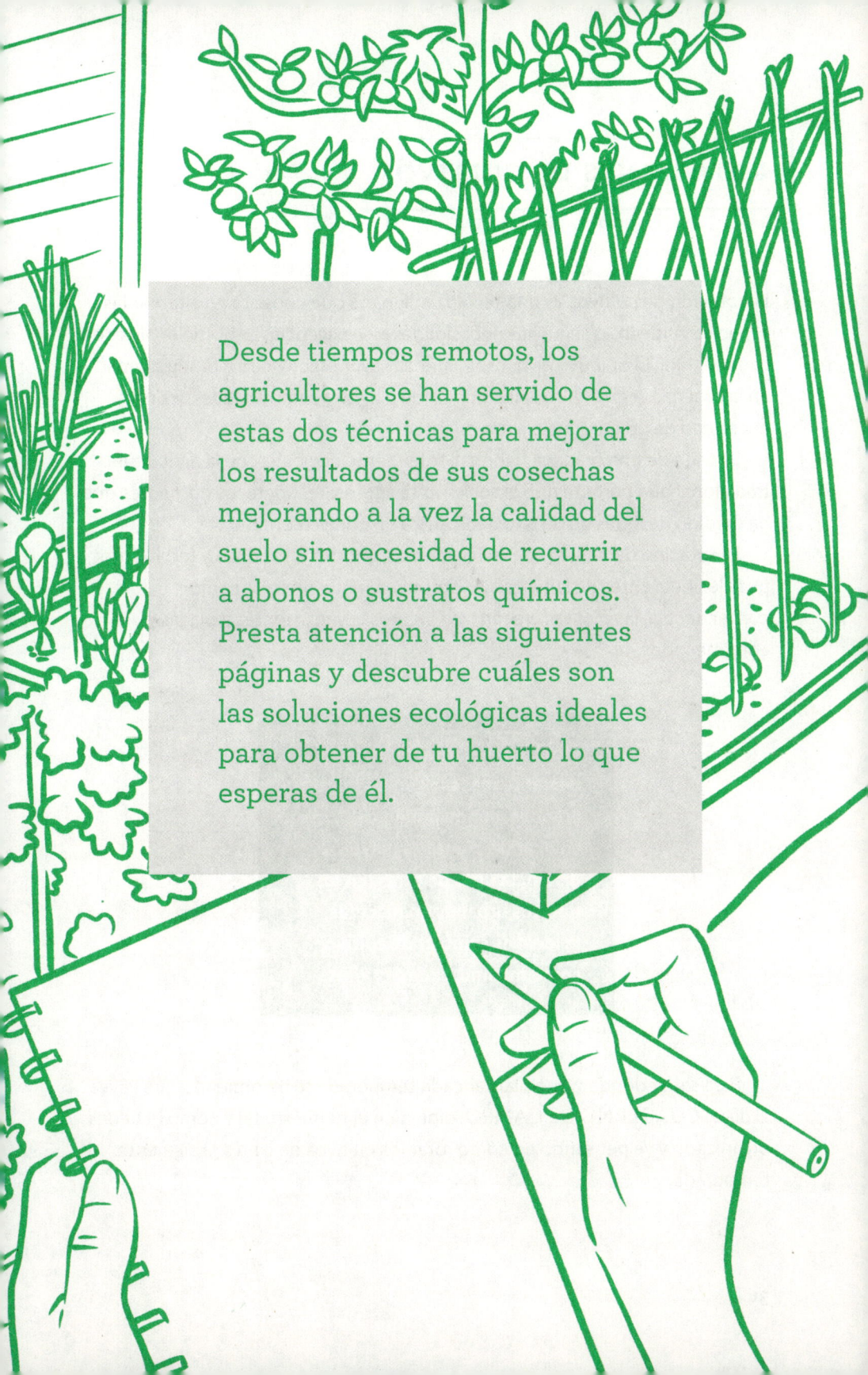

Desde tiempos remotos, los agricultores se han servido de estas dos técnicas para mejorar los resultados de sus cosechas mejorando a la vez la calidad del suelo sin necesidad de recurrir a abonos o sustratos químicos. Presta atención a las siguientes páginas y descubre cuáles son las soluciones ecológicas ideales para obtener de tu huerto lo que esperas de él.

ROTACIONES DE CULTIVOS

La rotación de cultivos es una técnica milenaria que consiste en alternar las especies cultivables según las necesidades —y exigencias— nutricionales de cada vegetal. El objetivo es conseguir una mayor efectividad y productividad en la cosecha reduciendo la incidencia de plagas y enfermedades, y sin necesidad de dejar el suelo sin nutrientes.

Se trata de una práctica habitual, totalmente ecológica, de la agricultura tradicional que permite que el suelo no se agote y recupere los nutrientes que ha perdido después de un año dedicado a un cultivo concreto.

La rotación de cultivos permite, además, ahorrar en abonos y fertilizantes, pues los nutrientes de la tierra se distribuyen más y mejor y, como consecuencia, las plantas crecen más vigorosas y resistentes a plagas y enfermedades.

> Obviamente, rotar cultivos es bastante más fácil en las huertas grandes, donde podemos colocar las plantas a mayor distancia unas de otras. En los huertos urbanos en macetas, lo ideal es cambiar de cultivo, como mínimo, cada 2-3 años.

Para saber dónde y qué plantar cada temporada te recomiendo que lleves al día el CUADERNO DE CAMPO: dibuja en él tu huerto tal y como lo tienes organizado y ve pensando en cómo rotar los cultivos de cara a la siguiente temporada.

ROTACIÓN POR FAMILIAS

Entre las rotaciones más eficaces se encuentra la basada en alternar por grupos de familias de cultivos:

	1 AÑO	Familia de la cebolla: cebolla, ajo puerro, cebollino...
	1 AÑO	Familia del guisante y el frijol: cualquier especie de leguminosa
	2 AÑOS	Familia del repollo: col, coliflor, coles de Bruselas, pak choi, rábano, nabo, brócoli
	3 AÑOS	Familia solanáceas: patata, tomate, pimiento, berenjena
	4 AÑOS	Familia umbelíferas: zanahoria, apio, perejil, anís, cilantro
	5 AÑOS	Familia cucurbitáceas: calabacín, pepino, melón, calabaza
	5 AÑOS	Familia quenopodiáceas: remolacha, espinaca, acelga
	DIVERSO	Cultivos que no tienen rotación anual. Lechuga, berro, maíz...

La rotación comienza con los cultivos que hemos incluido en las familias de las cebollas y leguminosas. Suelen crecer juntos, les gusta el suelo enriquecido con compost y ocupan poco espacio. Cuando estos cultivos (ajos, cebollas, puerros...) sean cosechados, lo recomendable sería sembrar en ese mismo espacio o bancal brócoli, coliflor, repollo... Después vendrán los de la familia de las solanáceas (patatas, pimientos, tomates...); los de la familia de las umbelíferas (zanahoria, apio...); los de las cucurbitáceas (calabacín, pepino, calabaza...) y, por último, los de las quenopodiáceas (espinacas, acelgas, etc.).

Los cultivos que entran en la categoría de «diverso» (lechugas, maíz, berros) pueden plantarse entre camas, es decir, rellenando los huecos que queden entre las diferentes hileras de cultivos. Son plantas que no necesitan demasiados nutrientes y apenas dañan el suelo.

Probablemente, esta es la rotación más sencilla, y consiste en alternar plantas **muy exigentes** (en nutrientes) con plantas **medianamente exigentes;** seguir con plantas **poco exigentes,** y, por último, con plantas que **mejoran el suelo** o que incluso tienen un efecto fertilizante.

Observa atentamente la siguiente tabla-gráfico para ver en qué consiste esta rotación:

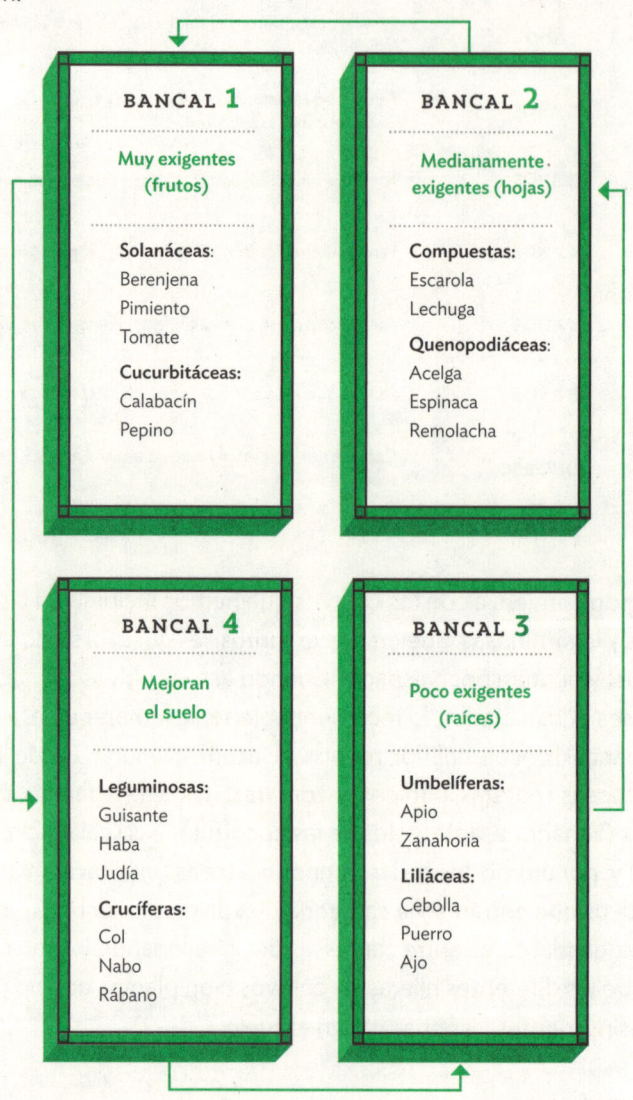

BANCAL 1

**Muy exigentes
(frutos)**

Solanáceas:
Berenjena
Pimiento
Tomate

Cucurbitáceas:
Calabacín
Pepino

BANCAL 2

**Medianamente
exigentes (hojas)**

Compuestas:
Escarola
Lechuga

Quenopodiáceas:
Acelga
Espinaca
Remolacha

BANCAL 4

**Mejoran
el suelo**

Leguminosas:
Guisante
Haba
Judía

Crucíferas:
Col
Nabo
Rábano

BANCAL 3

**Poco exigentes
(raíces)**

Umbelíferas:
Apio
Zanahoria

Liliáceas:
Cebolla
Puerro
Ajo

Ten siempre en cuenta que debes preparar el suelo en función de las necesidades de nutrientes de los cultivos que vayas a sembrar:

- En el bancal de plantas **muy exigentes,** añade 5-10 kilos de compost por metro cuadrado de terreno.

- En el bancal de **medianamente exigentes,** puedes incorporar 1-2 kilos de compost muy bien descompuesto.

- En los bancales de cultivos **poco exigentes** y de plantas que **mejoran el suelo** no hace falta que añadas compost. Basta con los restos de los cultivos anteriores (medianamente exigentes) o incorporar 1-2 kilos de humus de lombriz.

ASOCIACIONES DE CULTIVOS

La técnica de la **asociación de cultivos** consiste en combinar determinadas especies en un mismo espacio de terreno con el objetivo de que las unas se «aprovechen» de las otras en un proceso parecido a la simbiosis. Además, las asociaciones adecuadas o favorables evitarán la llegada de plagas y enfermedades a tu huerta, e incluso podrás notar un incremento de la cosecha en determinados cultivos si los has asociado con otros.

Aunque este es un asunto que sigue estando en proceso de investigación (intervienen numerosas variables), lo que está claro es que las necesidades nutricionales de las plantas son diferentes y, a la vez, complementarias. Por eso es fundamental evitar asociar plantas que tengan las mismas necesidades (plantas de la misma familia), mientras que, por el contrario, será bueno combinar cultivos que se ayuden mutuamente a crecer y a desarrollarse.

En la siguiente tabla te doy una serie de consejos generales sobre las asociaciones más beneficiosas:

Combina cultivos de raíz, que buscarán su desarrollo en el suelo, con otros de hoja, que se desarrollarán en la parte aérea de la planta: por ejemplo, zanahoria y lechuga.

Combina la zanahoria con el ajo, cebolla o puerro: esta asociación te permitirá luchar contra la plaga de la mosca de la zanahoria.

Asocia las hortalizas —en general— con las plantas aromáticas, como el romero, la lavanda, la albahaca y otras muchas, ya que alejan las plagas y atraen insectos beneficiosos para la huerta.

Combina cultivos con diferente velocidad de crecimiento para aprovechar mejor el espacio: por ejemplo, lechugas y tomates.

Asociación precolombina o milpa: es una de las asociaciones de cultivos más famosas y usadas. El maíz hace de tutor a las judías o leguminosas y a las calabazas de forma rastrera para proteger el suelo desnudo.

De manera general, y a modo de síntesis, en el siguiente cuadro encontrarás las asociaciones de cultivos más eficaces y beneficiosas para el huerto ecológico:

CUADRO DE ASOCIACIONES DE CULTIVOS

Tabla de asociaciones de cultivos. Columnas y filas (en el mismo orden): AJO, ACELGA, ALBAHACA, ALCACHOFA, APIO, BERENJENA, BORRAJA, CALABACÍN, CALABAZA, CEBOLLA, COL, COLIFLOR, ESCAROLA, ESPÁRRAGO, ESPINACA, FRESA, GUISANTE, HABA, JUDÍA, LECHUGA, MAÍZ, MELÓN, NABO, PATATA, PEPINO, PIMIENTO, PUERRO, RÁBANO, REMOLACHA, REPOLLO, SANDÍA, TOMATE, ZANAHORIA.

BUENA (verde)   MALA (gris)

CUADERNO

de

CAMPO

INVIERNO

El invierno es la época más tranquila en el huerto. Los riegos se espacian en el tiempo, los cultivos crecen más lentamente y la mayoría de las plagas permanecen inactivas. Es el momento ideal para empezar a planificar, hacer mantenimiento de las herramientas y de los bancales, preparar semilleros de los cultivos de primavera (a mediados o finales del invierno) y limpiar bien el terreno para cuando llegue el momento de los trasplantes y/o de la siembra directa en tierra.

TAREAS DE INVIERNO

1. LIMPIA LAS CAMAS (BANCALES) DEL HUERTO

En esta época del año, el huerto suele estar hecho un desastre, entre las malas hierbas y los restos de cosechas. Te aconsejo que vayas limpiando por áreas y que lo hagas poco a poco.

- Tira a la basura las plantas que han tenido hongos.

- Retira las frutas que han caído al suelo y están podridas, y añádelas al compost o al vermicompost.

- Agrega una capa de compost en las camas de 1 a 2 cm y cubre con *mulching* (materia vegetal) para proteger el suelo y devolverle los nutrientes que ha perdido.

2. HAZ UN ANÁLISIS DEL SUELO

Ahora es el momento de saber de qué nutrientes está falto el suelo y si tiene el pH adecuado o hay que regularlo. Debemos conocer los niveles de potasio (K), de fósforo (P), de nitrógeno (N), de calcio (Ca), de azufre (S), de magnesio (Mg) y de materia orgánica.

- Puedes realizar un análisis del pH del suelo para ver si lo tienes ácido o alcalino, al igual que otros test caseros para conocer tu suelo de los que ya te hablé en mi libro anterior (*Vente al huerto*).

- Consulta en la oficina de extensión agraria local dónde puedes hacer los análisis del suelo.

3. RECOGE LAS HOJAS

Las hojas son como oro para la huerta. Las podemos usar tanto para el compost como para el acolchado.

- Almacénalas en sacos y en un lugar seco. Así las tendrás listas para la primavera.

- Si las vas a usar como *mulching,* tritúralas bien para que cubran la superficie del bancal y retengan mejor la humedad. De este modo evitarás que salgan malas hierbas alrededor de tus cultivos.

4. PLANTA CULTIVOS DE INVIERNO

Aunque muchos piensen que en invierno no hay nada que plantar, podemos cultivar en el huerto bastantes verduras si los inviernos no son extremadamente duros. En el capítulo anterior ya te hablé de los que aguantan las bajas temperaturas, como ajos, habas de mayo, espinacas de invierno, acelgas, repollos, etc.

5. AMPLÍA TU HUERTO ECOLÓGICO

Es un buen momento para hacer nuevas camas (bancales) y que estén listas en primavera, o para arreglar los desperfectos causados por el paso del tiempo en los demás bancales del huerto.

- Una vez arreglados (o construidos) los bancales, no te olvides de añadir tierra fresca, una capa de compost y un buen acolchado de hojarasca o de cualquier otro material biodegradable (paja, serrín, agujas de pino, etc.).

6. PLANIFICA LA TEMPORADA DE PRIMAVERA Y VERANO

- Infórmate bien sobre cómo es el cultivo de las hortalizas, sus necesidades de luz y de riego, y las plagas más frecuentes.

- Los cultivos de verano que puedes sembrar en semillero durante el invierno (dependiendo de la zona y del clima, se hará antes o después, normalmente a mediados o finales de invierno) para trasplantarlos en primavera son los siguientes:

CULTIVO	TIPO DE SIEMBRA	PLAZO DE COSECHA
Berenjena	Semillero	5-6 meses
Calabacín	Semillero	3-5 meses
Calabaza	Semillero	4-5 meses
Girasol	Semillero	5-6 meses
Guisante	Semillero	2-3 meses
Melón	Semillero	4-5 meses
Pepino	Semillero	4-5 meses
Sandía	Semillero	4-5 meses
Pimiento	Semillero	5-6 meses
Tomate	Semillero	5-6 meses

¿QUÉ PUEDO SEMBRAR Y/O TRASPLANTAR EN INVIERNO?

Ya sea en siembra directa o en semíllero, estas son las hortalizas que mejor se adaptan a los meses de invierno:

ENERO

CULTIVO	TIPO DE SIEMBRA	PLAZO DE COSECHA	SEMBRANDO EN ENERO, COSECHARÁS EN...
Acelga	Semillero/Siembra directa	3-4 meses	Marzo
Ajo	Siembra directa	3-4 meses	Abril-mayo
Apio	Semillero/Siembra directa	4 meses	Mayo
Borraja	Semillero/Siembra directa	2-4 meses	Marzo-mayo
Cebolla tardía	Siembra directa	7-8 meses	Agosto-septiembre
Espinaca	Semillero/Siembra directa	2-3 meses	Febrero
Guisante	Semillero/Siembra directa	4-5 meses	Mayo-junio
Haba	Siembra directa	5-6 meses	Junio-julio
Lechuga	Semillero	2-4 meses	Febrero
Rabanito	Siembra directa	4-5 semanas	Febrero
Zanahoria	Siembra directa	3-4 meses	Marzo

FEBRERO

CULTIVO	TIPO DE SIEMBRA	PLAZO DE COSECHA	SEMBRANDO EN FEBRERO, COSECHARÁS EN...
Acelga	Semillero/Siembra directa	3-4 meses	Abril
Apio	Semillero/Siembra directa	4 meses	Junio
Borraja	Semillero/Siembra directa	2-4 meses	Abril-junio
Cebolla tardía	Siembra directa	7-8 meses	Septiembre-octubre
Cebollino anual	Semillero/Siembra directa	3-4 meses	Mayo-junio
Col repollo	Semillero	3-5 meses	Mayo-julio
Escarola	Semillero	3-4 meses	Mayo-junio
Espárrago	Siembra directa	24-36 meses	Febrero-febrero
Espinaca	Semillero/siembra directa	2-3 meses	Marzo
Guisante	Semillero/Siembra directa	4-5 meses	Junio-julio
Haba	Siembra directa	5-6 meses	Julio-agosto
Lechuga	Semillero	2-4 meses	Marzo
Patata	Siembra directa	3-4 meses	Abril
Rabanito	Siembra directa	4-5 semanas	Marzo
Zanahoria	Siembra directa	3-4 meses	Abril

MARZO

CULTIVO	TIPO DE SIEMBRA	PLAZO DE COSECHA	SEMBRANDO EN MARZO, COSECHARÁS EN...
Alcachofa	Siembra directa	22 meses	Enero
Alubia o judía de grano seco	Siembra directa	5-7 meses	Agosto-octubre
Apio	Semillero/Siembra directa	4 meses	Julio
Berenjena	Semillero	5-6 meses	junio-septiembre
Borraja	Semillero/Siembra directa	2-4 meses	Mayo-julio
Calabacín	Semillero	3-5 meses	Junio-agosto
Calabaza	Semillero	4-5 meses	Julio-agosto
Cebolla	Siembra directa	4-5 meses	Julio-agosto
Cebollino anual	Semillero/Siembra directa	3-4 meses	Junio-julio
Chirivía	Siembra directa	5 meses	Agosto
Cilantro	Semillero/Siembra directa	4-5 meses	Julio-agosto
Col de Bruselas	Semillero	5-6 meses	Agosto-septiembre
Col lombarda	Semillero	6-8 meses	Septiembre-noviembre
Col repollo	Semillero	3-5 meses	Junio-agosto
Colinabo	Siembra directa	6-7 meses	Septiembre-octubre
Endivia	Semillero	5-8 meses	Agosto-noviembre
Escarola	Siembra directa	3-4 meses	Junio-julio
Espárrago	Siembra directa	24-36 meses	Marzo-marzo
Girasol pipas	Semillero	6 meses	Septiembre
Guisante	Semillero/Siembra directa	4-5 meses	Julio-agosto
Judía	Siembra directa	2-3 meses	Mayo-junio
Maíz	Siembra directa	3 meses	Junio
Melón	Semillero	3-5 meses	Junio-agosto
Pimiento	Semillero	5-6 meses	Agosto-septiembre
Sandía	Semillero	4-5 meses	Julio-agosto
Tomate	Semillero	5-6 meses	Agosto-septiembre

LISTADO DE CULTIVOS
DE INVIERNO

CULTIVO	N° DE BANCAL	CULTIVO	N° DE BANCAL

DIARIO DE INVIERNO

Invierno que mucho hiela, cosecha de fruto espera

LUNES 29 DICIEMBRE

Estado general de los cultivos ....

Tareas ....

Peligros (plagas y enfermedades) ....

MARTES 30 DICIEMBRE

Estado general de los cultivos ....

Tareas ....

Peligros (plagas y enfermedades) ....

MIÉRCOLES 31 DICIEMBRE

Estado general de los cultivos ....

Tareas ....

Peligros (plagas y enfermedades) ....

JUEVES 1 ENERO

Estado general de los cultivos ....

Tareas ....

Peligros (plagas y enfermedades) ....

VIERNES 2 ENERO

Estado general de los cultivos ....

Tareas ....

Peligros (plagas y enfermedades) ....

SÁBADO 3 ENERO

Estado general de los cultivos ....

Tareas ....

Peligros (plagas y enfermedades) ....

DOMINGO 4 ENERO

Estado general de los cultivos ....

Tareas ....

Peligros (plagas y enfermedades) ....

NOTAS GENERALES

Cosechas de la semana

Por enero florece el romero

LUNES 5 ENERO

Estado general de los cultivos ....

Tareas ....

Peligros (plagas y enfermedades) ....

MARTES 6 ENERO

Estado general de los cultivos ....

Tareas ....

Peligros (plagas y enfermedades) ....

MIÉRCOLES 7 ENERO

Estado general de los cultivos ....

Tareas ....

Peligros (plagas y enfermedades) ....

JUEVES 8 ENERO

Estado general de los cultivos ....

Tareas ....

Peligros (plagas y enfermedades) ....

VIERNES 9 ENERO

Estado general de los cultivos ....

Tareas ....

Peligros (plagas y enfermedades) ....

SÁBADO 10 ENERO

Estado general de los cultivos ....

Tareas ....

Peligros (plagas y enfermedades) ....

DOMINGO 11 ENERO

Estado general de los cultivos ....

Tareas ....

Peligros (plagas y enfermedades) ....

NOTAS GENERALES

Cosechas de la semana

Cada día que pasa de enero pierde un ajo el ajero

LUNES 12 ENERO

Estado general de los cultivos ....

Tareas ....

Peligros (plagas y enfermedades) ....

MARTES 13 ENERO

Estado general de los cultivos ....

Tareas ....

Peligros (plagas y enfermedades) ....

MIÉRCOLES 14 ENERO

Estado general de los cultivos ....

Tareas ....

Peligros (plagas y enfermedades) ....

JUEVES 15 ENERO

Estado general de los cultivos ....

Tareas ....

Peligros (plagas y enfermedades) ....

VIERNES 16 ENERO

Estado general de los cultivos ....

....

Tareas ....

....

Peligros (plagas y enfermedades) ....

....

SÁBADO 17 ENERO

Estado general de los cultivos ....

....

Tareas ....

....

Peligros (plagas y enfermedades) ....

....

DOMINGO 18 ENERO

Estado general de los cultivos ....

....

Tareas ....

....

Peligros (plagas y enfermedades) ....

....

NOTAS GENERALES

Cosechas de la semana ....

....

....

....

Enero hierbero, año cicatero

LUNES 19 ENERO

Estado general de los cultivos ....

Tareas ....

Peligros (plagas y enfermedades) ....

MARTES 20 ENERO

Estado general de los cultivos ....

Tareas ....

Peligros (plagas y enfermedades) ....

MIÉRCOLES 21 ENERO

Estado general de los cultivos ....

Tareas ....

Peligros (plagas y enfermedades) ....

JUEVES 22 ENERO

Estado general de los cultivos ....

Tareas ....

Peligros (plagas y enfermedades) ....

VIERNES 23 ENERO

Estado general de los cultivos ....

....

Tareas ....

....

Peligros (plagas y enfermedades) ....

....

SÁBADO 24 ENERO

Estado general de los cultivos ....

....

Tareas ....

....

Peligros (plagas y enfermedades) ....

....

DOMINGO 25 ENERO

Estado general de los cultivos ....

....

Tareas ....

....

Peligros (plagas y enfermedades) ....

....

NOTAS GENERALES

Cosechas de la semana

Enero y febrero, meses barbecheros

LUNES 26 ENERO

Estado general de los cultivos ....
....

Tareas ....

Peligros (plagas y enfermedades) ....
....

MARTES 27 ENERO

Estado general de los cultivos ....
....

Tareas ....

Peligros (plagas y enfermedades) ....
....

MIÉRCOLES 28 ENERO

Estado general de los cultivos ....
....

Tareas ....

Peligros (plagas y enfermedades) ....
....

JUEVES 29 ENERO

Estado general de los cultivos ....
....

Tareas ....

Peligros (plagas y enfermedades) ....
....

VIERNES 30 ENERO

Estado general de los cultivos ....

Tareas ....

Peligros (plagas y enfermedades) ....

SÁBADO 31 ENERO

Estado general de los cultivos ....

Tareas ....

Peligros (plagas y enfermedades) ....

DOMINGO 1 FEBRERO

Estado general de los cultivos ....

Tareas ....

Peligros (plagas y enfermedades) ....

NOTAS GENERALES

Cosechas de la semana

Si no lloviere en febrero, ni buen prado ni buen centeno

LUNES 2 FEBRERO

Estado general de los cultivos ....

Tareas ....

Peligros (plagas y enfermedades) ....

MARTES 3 FEBRERO

Estado general de los cultivos ....

Tareas ....

Peligros (plagas y enfermedades) ....

MIÉRCOLES 4 FEBRERO

Estado general de los cultivos ....

Tareas ....

Peligros (plagas y enfermedades) ....

JUEVES 5 FEBRERO

Estado general de los cultivos ....

Tareas ....

Peligros (plagas y enfermedades) ....

VIERNES 6 FEBRERO

Estado general de los cultivos ....
....
Tareas ....
....
Peligros (plagas y enfermedades) ....
....

SÁBADO 7 FEBRERO

Estado general de los cultivos ....
....
Tareas ....
....
Peligros (plagas y enfermedades) ....
....

DOMINGO 8 FEBRERO

Estado general de los cultivos ....
....
Tareas ....
....
Peligros (plagas y enfermedades) ....
....

NOTAS GENERALES

Cosechas de la semana

Mal año espero si en febrero anda en mangas de camisa el jornalero

LUNES 9 FEBRERO

Estado general de los cultivos ....

....

Tareas ....

....

Peligros (plagas y enfermedades) ....

....

MARTES 10 FEBRERO

Estado general de los cultivos ....

....

Tareas ....

....

Peligros (plagas y enfermedades) ....

....

MIÉRCOLES 11 FEBRERO

Estado general de los cultivos ....

....

Tareas ....

....

Peligros (plagas y enfermedades) ....

....

JUEVES 12 FEBRERO

Estado general de los cultivos ....

....

Tareas ....

....

Peligros (plagas y enfermedades) ....

....

VIERNES 13 FEBRERO ●

Estado general de los cultivos ....

Tareas ....

Peligros (plagas y enfermedades) ....

SÁBADO 14 FEBRERO ●

Estado general de los cultivos ....

Tareas ....

Peligros (plagas y enfermedades) ....

DOMINGO 15 FEBRERO ●

Estado general de los cultivos ....

Tareas ....

Peligros (plagas y enfermedades) ....

NOTAS GENERALES

Cosechas de la semana

Flor de febrero no va al granero

LUNES 16 FEBRERO

Estado general de los cultivos ....

Tareas ....

Peligros (plagas y enfermedades) ....

MARTES 17 FEBRERO

Estado general de los cultivos ....

Tareas ....

Peligros (plagas y enfermedades) ....

MIÉRCOLES 18 FEBRERO

Estado general de los cultivos ....

Tareas ....

Peligros (plagas y enfermedades) ....

JUEVES 19 FEBRERO

Estado general de los cultivos ....

Tareas ....

Peligros (plagas y enfermedades) ....

VIERNES 20 FEBRERO ●

Estado general de los cultivos ....

....

Tareas ....

....

Peligros (plagas y enfermedades) ....

....

SÁBADO 21 FEBRERO ◐

Estado general de los cultivos ....

....

Tareas ....

....

Peligros (plagas y enfermedades) ....

....

DOMINGO 22 FEBRERO ◐

Estado general de los cultivos ....

....

Tareas ....

....

Peligros (plagas y enfermedades) ....

....

NOTAS GENERALES

Cosechas de la semana

Agua de febrero mejor que la de enero

LUNES 23 FEBRERO

Estado general de los cultivos ....

Tareas ....

Peligros (plagas y enfermedades) ....

MARTES 24 FEBRERO

Estado general de los cultivos ....

Tareas ....

Peligros (plagas y enfermedades) ....

MIÉRCOLES 25 FEBRERO

Estado general de los cultivos ....

Tareas ....

Peligros (plagas y enfermedades) ....

JUEVES 26 FEBRERO

Estado general de los cultivos ....

Tareas ....

Peligros (plagas y enfermedades) ....

VIERNES 27 FEBRERO

Estado general de los cultivos ....
....

Tareas ....
....

Peligros (plagas y enfermedades) ....
....

SÁBADO 28 FEBRERO

Estado general de los cultivos ....
....

Tareas ....
....

Peligros (plagas y enfermedades) ....
....

DOMINGO 1 MARZO

Estado general de los cultivos ....
....

Tareas ....
....

Peligros (plagas y enfermedades) ....
....

NOTAS GENERALES

Cosechas de la semana

En marzo, si cortas un cardo te salen cuatro

LUNES 2 MARZO

Estado general de los cultivos ....

Tareas ....

Peligros (plagas y enfermedades) ....

MARTES 3 MARZO

Estado general de los cultivos ....

Tareas ....

Peligros (plagas y enfermedades) ....

MIÉRCOLES 4 MARZO

Estado general de los cultivos ....

Tareas ....

Peligros (plagas y enfermedades) ....

JUEVES 5 MARZO

Estado general de los cultivos ....

Tareas ....

Peligros (plagas y enfermedades) ....

VIERNES 6 MARZO

Estado general de los cultivos ....

Tareas ....

Peligros (plagas y enfermedades) ....

SÁBADO 7 MARZO

Estado general de los cultivos ....

Tareas ....

Peligros (plagas y enfermedades) ....

DOMINGO 8 MARZO

Estado general de los cultivos ....

Tareas ....

Peligros (plagas y enfermedades) ....

NOTAS GENERALES

Cosechas de la semana

En marzo, calor temprano es para los campos sano

LUNES 9 MARZO

Estado general de los cultivos ....

....

Tareas ....

....

Peligros (plagas y enfermedades) ....

....

MARTES 10 MARZO

Estado general de los cultivos ....

....

Tareas ....

....

Peligros (plagas y enfermedades) ....

....

MIÉRCOLES 11 MARZO

Estado general de los cultivos ....

....

Tareas ....

....

Peligros (plagas y enfermedades) ....

....

JUEVES 12 MARZO

Estado general de los cultivos ....

....

Tareas ....

....

Peligros (plagas y enfermedades) ....

....

VIERNES 13 MARZO

Estado general de los cultivos ....

Tareas ....

Peligros (plagas y enfermedades) ....

SÁBADO 14 MARZO

Estado general de los cultivos ....

Tareas ....

Peligros (plagas y enfermedades) ....

DOMINGO 15 MARZO

Estado general de los cultivos ....

Tareas ....

Peligros (plagas y enfermedades) ....

NOTAS GENERALES

Cosechas de la semana

Si en marzo oyes tronar, limpia tu era y barre el pajar

LUNES 16 MARZO

Estado general de los cultivos ....
....

Tareas ....
....

Peligros (plagas y enfermedades) ....
....

MARTES 17 MARZO

Estado general de los cultivos ....
....

Tareas ....
....

Peligros (plagas y enfermedades) ....
....

MIÉRCOLES 18 MARZO

Estado general de los cultivos ....
....

Tareas ....
....

Peligros (plagas y enfermedades) ....
....

JUEVES 19 MARZO

Estado general de los cultivos ....
....

Tareas ....
....

Peligros (plagas y enfermedades) ....
....

VIERNES 20 MARZO ●

Estado general de los cultivos ....
....

Tareas ....
....

Peligros (plagas y enfermedades) ....
....

SÁBADO 21 MARZO ●

Estado general de los cultivos ....
....

Tareas ....
....

Peligros (plagas y enfermedades) ....
....

DOMINGO 22 MARZO ●

Estado general de los cultivos ....
....

Tareas ....
....

Peligros (plagas y enfermedades) ....
....

NOTAS GENERALES

Cosechas de la semana ....
....
....
....

PRIMAVERA

¡Por fin ha llegado la primavera! Los días son más largos y las temperaturas comienzan a jugar a favor de los cultivos. Pero no nos confiemos, porque todavía pueden caer heladas nocturnas. Es el momento de comenzar a preparar los bancales para las plantas que tenemos en los semilleros desde finales de invierno. Manos a la obra... ¡¡Y A DISFRUTAR!!

TAREAS DE PRIMAVERA

1. RETIRA LOS RESTOS DE CULTIVOS DE LA TEMPORADA PASADA

Lo primero que debes hacer es retirar los cultivos que ya no deseas que estén en el bancal y las hierbas competidoras. Es importante hacer este proceso cuando el suelo esté en tempero, es decir, 3 o 4 días después de la última vez que llovió, para evitar que no esté demasiado húmedo ni demasiado seco.

- Si vives en un sitio donde apenas llueve, puedes regar y dejar pasar el plazo de días establecido para comenzar el proceso.

- Los restos de cosecha los puedes utilizar para dar de comer a las gallinas o echarlos al compost.

2. PREPARA EL SUELO

Debes abonar, remover y mezclar bien la tierra en la que vas a plantar.

- Añade entre 5-10 cm de estiércol curado, compost o humus de lombriz en la superficie del suelo donde vas a cultivar.

- Ya sea en bancal o en suelo, aparta la tierra de una fila con una pala (a unos 30 cm de profundidad) y ponla en la carretilla. A continuación quita la tierra de la siguiente fila y colócala en la fila anterior. Rompe los terrones para que el suelo quede bien suelto. Cuando llegues a la última fila del bancal, echa la tierra que pusiste en la carretilla.

- Quita las piedras más grandes para evitar que molesten en el crecimiento de las plantas.

- Con un rastrillo, allana el suelo del bancal.

3. COLOCA UN BUEN ACOLCHADO (*MULCHING*)

Es importante acolchar el suelo, ya sea con paja, con cortezas o con el material que prefieras, para evitar que la tierra pierda la humedad y salgan malas hierbas.

- Si vas a plantar semillas directamente en el bancal, espera a que broten y luego coloca el acolchado.

4. PREPARA EL RIEGO

La tierra aguanta bastante bien sin regar, aunque, según vaya aumentando el calor, tendrás que regar con más frecuencia. Puedes establecer un sistema de riego por goteo o, simplemente, regar con una regadera cada 3 o 4 días.

- Si llueve, no es necesario regar, ya que el acolchado cumplirá su función y mantendrá la humedad del suelo.

5. ¡HA LLEGADO LA HORA DE PLANTAR! ORGANIZA TUS PLANTACIONES

Dependiendo de la región donde vivas, podrás comenzar a plantar antes o después, pues aún pueden caer heladas y hacer que tus plantas mueran de frío. Cuando deja de haber riesgo de heladas, ha llegado la hora de plantar.

- Si las temperaturas todavía son irregulares y bajas por la noche, puedes hacer un túnel con manta térmica o cubrir tus cultivos con botellas de plástico a modo de invernadero.

- Planifica bien tu huerto. Este cuaderno es precisamente para esto, así que revisa el calendario de siembra y las asociaciones de cultivos que deseas hacer para ver si son adecuadas o no.

- Observa los huertos de tu zona y pregunta a otros hortelanos cuándo es la mejor época para plantar o sembrar en tu zona. La experiencia es un grado.

¿QUÉ PUEDO SEMBRAR Y/O TRASPLANTAR EN PRIMAVERA?

ABRIL

CULTIVO	TIPO DE SIEMBRA	PLAZO DE COSECHA	SEMBRANDO EN ABRIL, COSECHARÁS EN...
Acelga	Trasplante	2 meses	Junio
Alcachofa	Plantar	22 meses	Febrero
Alubia o judía de grano seco	Siembra directa	5-7 meses	Septiembre-noviembre
Apio	Trasplante	4 meses	Agosto
Berenjena	Trasplante	5-6 meses	Septiembre-octubre
Borraja	Trasplante	2-4 meses	Junio-agosto
Calabacín	Trasplante	3-5 meses	Julio-septiembre
Calabaza	Trasplante	4-5 meses	Agosto-septiembre
Cardo	Plantar	5 meses	Septiembre
Cebollino anual	Plantar	3-4 meses	Julio-agosto
Chirivía	Siembra directa	5 meses	Septiembre
Cilantro	Trasplante	4-5 meses	Agosto-septiembre
Col de Bruselas	Trasplante	5-6 meses	Septiembre-octubre
Col lombarda	Trasplante	6-8 meses	Octubre-diciembre
Colinabo	Siembra directa	6-7 meses	Octubre-noviembre
Endivia	Trasplante	5-8 meses	Septiembre-diciembre
Escarola	Trasplante	3-4 meses	Julio-agosto
Espárrago	Directa	24-36 meses	Abril-abril
Espinaca	Siembra directa	2-3 meses	Octubre-enero
Fresón	Trasplante	12 meses	Abril
Girasol pipas	Trasplante	6 meses	Octubre
Judía	Siembra directa	2-3 meses	Junio-julio
Lechuga	Trasplante	2-4 meses	Marzo
Maíz	Siembra directa/Trasplante	3 meses	Julio
Melón	Trasplante	3-5 meses	Julio-septiembre
Pepino	Trasplante	4-5 meses	Agosto-septiembre
Pimiento	Trasplante	5-6 meses	Septiembre-octubre
Remolacha	Siembra directa	4 meses	Agosto
Sandía	Trasplante	4-5 meses	Agosto-septiembre
Tomate	Trasplante	2 meses	Junio

MAYO

CULTIVO	TIPO DE SIEMBRA	PLAZO DE COSECHA	SEMBRANDO EN MAYO, COSECHARÁS EN...
Acelga	Trasplante	2 meses	Julio
Alcachofa	Plantar	22 meses	Marzo
Alubia o judía de grano seco	Siembra directa	5-7 meses	Octubre-diciembre
Apio	Trasplante	4 meses	Septiembre
Brócoli	Trasplante	5-7 meses	Octubre-diciembre
Calabacín	Trasplante	3-5 meses	Agosto-octubre
Calabaza	Trasplante	4-5 meses	Septiembre-octubre
Cardo	Plantar	5 meses	Octubre
Cebollino anual	Trasplante	3-4 meses	Agosto-septiembre
Chirivía	Siembra directa	5 meses	Octubre
Cilantro	Trasplante	4-5 meses	Septiembre-octubre
Col de Bruselas	Trasplante	5-6 meses	Octubre-noviembre
Col lombarda	Trasplante	6-8 meses	Noviembre-enero
Col Repollo	Trasplante	5-6 meses	Octubre-noviembre
Albahaca	Trasplante	2 meses	Julio
Coliflor	Trasplante	6-8 meses	Noviembre-enero
Colinabo	Siembra directa	6-7 meses	Noviembre-diciembre
Endivia	Trasplante	5-8 meses	Octubre-enero
Espinaca	Trasplante	2-3 meses	Agosto-septiembre
Fresón	Plantar	12 meses	Mayo
Girasol pipas	Siembra directa/Trasplante	6 meses	Noviembre
Hinojo	Siembra directa	5 meses	Octubre
Judía	Siembra directa	2-3 meses	Julio-agosto
Lechuga	Trasplante	2-4 meses	Marzo
Maíz	Siembra directa/Trasplante	3 meses	Agosto
Melón	Trasplante	3-5 meses	Agosto-octubre
Pepino	Trasplante	5-6 meses	Octubre-noviembre
Pimiento	Trasplante	5-6 meses	Octubre-noviembre
Remolacha	Siembra directa	4 meses	Mayo-mayo
Sandía	Trasplante	4-5 meses	Septiembre-octubre
Tomate	Trasplante	2 meses	Julio

JUNIO

CULTIVO	TIPO DE SIEMBRA	PLAZO DE COSECHA	SEMBRANDO EN JUNIO, COSECHARÁS EN...
Alcachofa	Plantar	22 meses	Abril
Alubia o judía de grano	Siembra directa	5-7 meses	Noviembre-enero
Apio	Plantar	4 meses	Octubre
Brócoli	Semillero	5-7 meses	Noviembre-enero
Cardo	Plantar	5 meses	Noviembre
Chirivía	Siembra directa	5 meses	Noviembre
Col china	Semillero	3-5 meses	Septiembre-noviembre
Espinaca	Siembra directa	2-3 meses	Agosto-septiembre
Judía	Siembra directa	2-3 meses	Agosto-septiembre
Lechuga	Semillero/Trasplante	2-4 meses	Marzo
Maíz	Siembra directa	3 meses	Septiembre

LISTADO DE CULTIVOS

DE PRIMAVERA

CULTIVO	N° DE BANCAL	CULTIVO	N° DE BANCAL

DIARIO DE PRIMAVERA

El sol de marzo de riego le sirve al campo

LUNES 23 MARZO

Estado general de los cultivos ....

....

Tareas ....

....

Peligros (plagas y enfermedades) ....

MARTES 24 MARZO

Estado general de los cultivos ....

....

Tareas ....

....

Peligros (plagas y enfermedades) ....

MIÉRCOLES 25 MARZO

Estado general de los cultivos ....

....

Tareas ....

....

Peligros (plagas y enfermedades) ....

JUEVES 26 MARZO

Estado general de los cultivos ....

....

Tareas ....

....

Peligros (plagas y enfermedades) ....

VIERNES 27 MARZO ◗

Estado general de los cultivos ....

Tareas ....

Peligros (plagas y enfermedades) ....

SÁBADO 28 MARZO ◗

Estado general de los cultivos ....

Tareas ....

Peligros (plagas y enfermedades) ....

DOMINGO 29 MARZO ◗

Estado general de los cultivos ....

Tareas ....

Peligros (plagas y enfermedades) ....

NOTAS GENERALES

Cosechas de la semana

Sale marzo y entra abril, nubecitas a llorar y campos a reír

LUNES 30 MARZO

Estado general de los cultivos ....

Tareas ....

Peligros (plagas y enfermedades) ....

MARTES 31 MARZO

Estado general de los cultivos ....

Tareas ....

Peligros (plagas y enfermedades) ....

MIÉRCOLES 1 ABRIL

Estado general de los cultivos ....

Tareas ....

Peligros (plagas y enfermedades) ....

JUEVES 2 ABRIL

Estado general de los cultivos ....

Tareas ....

Peligros (plagas y enfermedades) ....

VIERNES 3 ABRIL

Estado general de los cultivos ....

Tareas ....

Peligros (plagas y enfermedades) ....

SÁBADO 4 ABRIL

Estado general de los cultivos ....

Tareas ....

Peligros (plagas y enfermedades) ....

DOMINGO 5 ABRIL

Estado general de los cultivos ....

Tareas ....

Peligros (plagas y enfermedades) ....

NOTAS GENERALES

Cosechas de la semana

Marzo se lleva la culpa y abril la fruta

LUNES 6 ABRIL

Estado general de los cultivos ....

....

Tareas ....

....

Peligros (plagas y enfermedades) ....

....

MARTES 7 ABRIL

Estado general de los cultivos ....

....

Tareas ....

....

Peligros (plagas y enfermedades) ....

....

MIÉRCOLES 8 ABRIL

Estado general de los cultivos ....

....

Tareas ....

....

Peligros (plagas y enfermedades) ....

....

JUEVES 9 ABRIL

Estado general de los cultivos ....

....

Tareas ....

....

Peligros (plagas y enfermedades) ....

....

VIERNES 10 ABRIL

Estado general de los cultivos ....
....

Tareas ....
....

Peligros (plagas y enfermedades) ....
....

SÁBADO 11 ABRIL

Estado general de los cultivos ....
....

Tareas ....
....

Peligros (plagas y enfermedades) ....
....

DOMINGO 12 ABRIL

Estado general de los cultivos ....
....

Tareas ....
....

Peligros (plagas y enfermedades) ....
....

NOTAS GENERALES

Cosechas de la semana

Abril mojado, de panes viene cargado

LUNES 13 ABRIL

Estado general de los cultivos ....

Tareas ....

Peligros (plagas y enfermedades) ....

MARTES 14 ABRIL

Estado general de los cultivos ....

Tareas ....

Peligros (plagas y enfermedades) ....

MIÉRCOLES 15 ABRIL

Estado general de los cultivos ....

Tareas ....

Peligros (plagas y enfermedades) ....

JUEVES 16 ABRIL

Estado general de los cultivos ....

Tareas ....

Peligros (plagas y enfermedades) ....

VIERNES 17 ABRIL

Estado general de los cultivos ....

Tareas ....

Peligros (plagas y enfermedades) ....

SÁBADO 18 ABRIL

Estado general de los cultivos ....

Tareas ....

Peligros (plagas y enfermedades) ....

DOMINGO 19 ABRIL

Estado general de los cultivos ....

Tareas ....

Peligros (plagas y enfermedades) ....

NOTAS GENERALES

Cosechas de la semana

Cuando abril truena, cosecha buena

LUNES 20 ABRIL

Estado general de los cultivos ....

....

Tareas ....

....

Peligros (plagas y enfermedades) ....

....

MARTES 21 ABRIL

Estado general de los cultivos ....

....

Tareas ....

....

Peligros (plagas y enfermedades) ....

....

MIÉRCOLES 22 ABRIL

Estado general de los cultivos ....

....

Tareas ....

....

Peligros (plagas y enfermedades) ....

....

JUEVES 23 ABRIL

Estado general de los cultivos ....

....

Tareas ....

....

Peligros (plagas y enfermedades) ....

....

VIERNES 24 ABRIL

Estado general de los cultivos ....

Tareas ....

Peligros (plagas y enfermedades) ....

SÁBADO 25 ABRIL

Estado general de los cultivos ....

Tareas ....

Peligros (plagas y enfermedades) ....

DOMINGO 26 ABRIL

Estado general de los cultivos ....

Tareas ....

Peligros (plagas y enfermedades) ....

NOTAS GENERALES

Cosechas de la semana

A finales de abril, la flor verás en la vid

LUNES 27 ABRIL

Estado general de los cultivos ....

....

Tareas ....

....

Peligros (plagas y enfermedades) ....

....

MARTES 28 ABRIL

Estado general de los cultivos ....

....

Tareas ....

....

Peligros (plagas y enfermedades) ....

....

MIÉRCOLES 29 ABRIL

Estado general de los cultivos ....

....

Tareas ....

....

Peligros (plagas y enfermedades) ....

....

JUEVES 30 ABRIL

Estado general de los cultivos ....

....

Tareas ....

....

Peligros (plagas y enfermedades) ....

....

VIERNES 1 MAYO

Estado general de los cultivos ....

....

Tareas ....

....

Peligros (plagas y enfermedades) ....

....

SÁBADO 2 MAYO

Estado general de los cultivos ....

....

Tareas ....

....

Peligros (plagas y enfermedades) ....

....

DOMINGO 3 MAYO

Estado general de los cultivos ....

....

Tareas ....

....

Peligros (plagas y enfermedades) ....

....

NOTAS GENERALES

Cosechas de la semana

Siembra perejil en mayo y lo tendrás todo el año

LUNES 4 MAYO

Estado general de los cultivos ....
....

Tareas ....
....

Peligros (plagas y enfermedades) ....
....

MARTES 5 MAYO

Estado general de los cultivos ....
....

Tareas ....
....

Peligros (plagas y enfermedades) ....
....

MIÉRCOLES 6 MAYO

Estado general de los cultivos ....
....

Tareas ....
....

Peligros (plagas y enfermedades) ....
....

JUEVES 7 MAYO

Estado general de los cultivos ....
....

Tareas ....
....

Peligros (plagas y enfermedades) ....
....

VIERNES 8 MAYO

Estado general de los cultivos ....

Tareas ....

Peligros (plagas y enfermedades) ....
....

SÁBADO 9 MAYO

Estado general de los cultivos ....

Tareas ....

Peligros (plagas y enfermedades) ....
....

DOMINGO 10 MAYO

Estado general de los cultivos ....

Tareas ....

Peligros (plagas y enfermedades) ....
....

NOTAS GENERALES

Cosechas de la semana

Mayo entrado, un jardín en cada prado

LUNES 11 MAYO

Estado general de los cultivos ....

Tareas ....

Peligros (plagas y enfermedades) ....

MARTES 12 MAYO

Estado general de los cultivos ....

Tareas ....

Peligros (plagas y enfermedades) ....

MIÉRCOLES 13 MAYO

Estado general de los cultivos ....

Tareas ....

Peligros (plagas y enfermedades) ....

JUEVES 14 MAYO

Estado general de los cultivos ....

Tareas ....

Peligros (plagas y enfermedades) ....

VIERNES 15 MAYO

Estado general de los cultivos ....

....

Tareas ....

....

Peligros (plagas y enfermedades) ....

....

SÁBADO 16 MAYO

Estado general de los cultivos ....

....

Tareas ....

....

Peligros (plagas y enfermedades) ....

....

DOMINGO 17 MAYO

Estado general de los cultivos ....

....

Tareas ....

....

Peligros (plagas y enfermedades) ....

....

NOTAS GENERALES

Cosechas de la semana

Mayo caliente y lluvioso ofrece bienes copiosos

LUNES 18 MAYO

Estado general de los cultivos ....

....

Tareas ....

....

Peligros (plagas y enfermedades) ....

....

MARTES 19 MAYO

Estado general de los cultivos ....

....

Tareas ....

....

Peligros (plagas y enfermedades) ....

....

MIÉRCOLES 20 MAYO

Estado general de los cultivos ....

....

Tareas ....

....

Peligros (plagas y enfermedades) ....

....

JUEVES 21 MAYO

Estado general de los cultivos ....

....

Tareas ....

....

Peligros (plagas y enfermedades) ....

....

VIERNES 22 MAYO

Estado general de los cultivos ....
....

Tareas ....
....

Peligros (plagas y enfermedades) ....
....

SÁBADO 23 MAYO

Estado general de los cultivos ....
....

Tareas ....
....

Peligros (plagas y enfermedades) ....
....

DOMINGO 24 MAYO

Estado general de los cultivos ....
....

Tareas ....
....

Peligros (plagas y enfermedades) ....
....

NOTAS GENERALES

Cosechas de la semana

Agua de mayo, el bien deseado

LUNES 25 MAYO

Estado general de los cultivos ....

....

Tareas ....

....

Peligros (plagas y enfermedades) ....

....

MARTES 26 MAYO

Estado general de los cultivos ....

....

Tareas ....

....

Peligros (plagas y enfermedades) ....

....

MIÉRCOLES 27 MAYO

Estado general de los cultivos ....

....

Tareas ....

....

Peligros (plagas y enfermedades) ....

....

JUEVES 28 MAYO

Estado general de los cultivos ....

....

Tareas ....

....

Peligros (plagas y enfermedades) ....

....

VIERNES 29 MAYO

Estado general de los cultivos ....

Tareas ....

Peligros (plagas y enfermedades) ....

SÁBADO 30 MAYO

Estado general de los cultivos ....

Tareas ....

Peligros (plagas y enfermedades) ....

DOMINGO 31 MAYO

Estado general de los cultivos ....

Tareas ....

Peligros (plagas y enfermedades) ....

NOTAS GENERALES

Cosechas de la semana

Junio brillante, año abundante

LUNES 1 JUNIO

Estado general de los cultivos ....

....

Tareas ....

....

Peligros (plagas y enfermedades) ....

....

MARTES 2 JUNIO

Estado general de los cultivos ....

....

Tareas ....

....

Peligros (plagas y enfermedades) ....

....

MIÉRCOLES 3 JUNIO

Estado general de los cultivos ....

....

Tareas ....

....

Peligros (plagas y enfermedades) ....

....

JUEVES 4 JUNIO

Estado general de los cultivos ....

....

Tareas ....

....

Peligros (plagas y enfermedades) ....

....

VIERNES 5 JUNIO

Estado general de los cultivos ....

....

Tareas ....

....

Peligros (plagas y enfermedades) ....

....

SÁBADO 6 JUNIO

Estado general de los cultivos ....

....

Tareas ....

....

Peligros (plagas y enfermedades) ....

....

DOMINGO 7 JUNIO

Estado general de los cultivos ....

....

Tareas ....

....

Peligros (plagas y enfermedades) ....

....

NOTAS GENERALES

Cosechas de la semana

Sembrarás cuando podrás, pero en junio segarás

LUNES 8 JUNIO

Estado general de los cultivos ....

Tareas ....

Peligros (plagas y enfermedades) ....

MARTES 9 JUNIO

Estado general de los cultivos ....

Tareas ....

Peligros (plagas y enfermedades) ....

MIÉRCOLES 10 JUNIO

Estado general de los cultivos ....

Tareas ....

Peligros (plagas y enfermedades) ....

JUEVES 11 JUNIO

Estado general de los cultivos ....

Tareas ....

Peligros (plagas y enfermedades) ....

VIERNES 12 JUNIO

Estado general de los cultivos ....

Tareas ....

Peligros (plagas y enfermedades) ....

SÁBADO 13 JUNIO

Estado general de los cultivos ....

Tareas ....

Peligros (plagas y enfermedades) ....

DOMINGO 14 JUNIO

Estado general de los cultivos ....

Tareas ....

Peligros (plagas y enfermedades) ....

NOTAS GENERALES

Cosechas de la semana

Junio claro y fresquito, para todos es bendito

LUNES 15 JUNIO

Estado general de los cultivos ....

Tareas ....

Peligros (plagas y enfermedades) ....

MARTES 16 JUNIO

Estado general de los cultivos ....

Tareas ....

Peligros (plagas y enfermedades) ....

MIÉRCOLES 17 JUNIO

Estado general de los cultivos ....

Tareas ....

Peligros (plagas y enfermedades) ....

JUEVES 18 JUNIO

Estado general de los cultivos ....

Tareas ....

Peligros (plagas y enfermedades) ....

VIERNES 19 JUNIO

Estado general de los cultivos ....

Tareas ....

Peligros (plagas y enfermedades) ....

SÁBADO 20 JUNIO

Estado general de los cultivos ....

Tareas ....

Peligros (plagas y enfermedades) ....

DOMINGO 21 JUNIO

Estado general de los cultivos ....

Tareas ....

Peligros (plagas y enfermedades) ....

NOTAS GENERALES

Cosechas de la semana

VERANO

Los cultivos de verano llenan la huerta de frutos. Estos son unos meses en los que recogerás las cosechas de la mayoría de las hortalizas que sembraste al final del invierno y en primavera. Descubre el placer de cosechar tus propios tomates y lechugas, pero... ¡ATENTO A LAS PLAGAS! Cuando llega el calor, los pulgones y los ácaros están al acecho, así que prepárate para combatirlos.

TAREAS DE VERANO

1. RIEGA TU HUERTO

Aunque esta es una labor que debes hacer durante todo el año, en verano es especialmente importante, sobre todo en los huertos que están en una parcela.

- Si sueles regar tu huerta cada dos días, durante los meses de verano deberás aumentar la frecuencia de riego y hacerlo, al menos, un día sí y otro no. Si las plantas las tienes en macetas, deberás regarlas diariamente.

- El sistema de goteo es la mejor opción, pues el agua se filtra con más facilidad y no se producen encharcamientos, origen de la aparición de hongos en la base del tallo de las plantas.

- Riega en las horas más tempranas de la mañana o a última hora de la tarde, cuando el sol se esté escondiendo. De esta manera el suelo retendrá mejor la humedad.

2. UTILIZA ACOLCHADOS

Aunque yo recomiendo acolchar durante todo el año para alimentar la tierra, el verano es un momento ideal por las altas temperaturas. el acolchado te ayudará a evitar que la tierra se caliente en exceso —lo que fortalece las raíces de las plantas—, y ahorrarás agua al evitar la evaporación del agua del riego y el suelo retendrá mejor la humedad.

- Utiliza acolchados naturales y biodegradables (de paja, de restos de siega, de cañas de río, de serrín, de restos de poda trituradas, de hojas de árbol e incluso de papel de periódico) que se vayan desintegrando poco a poco, incorporando materia orgánica adicional al huerto, mejorando la estructura de la tierra y favoreciendo el desarrollo de bacterias beneficiosas para los cultivos.

- Con el acolchado evitarás que nazcan plantas adventicias, o «malas hierbas», que compiten por los recursos y nutrientes con los cultivos. Estas plantas se reducirán un 80 %, de manera que ahorrarás trabajo y muchos quebraderos de cabeza, además de otros muchos otros beneficios, como el ahorro de agua.

3. COMBATE PLAGAS Y ENFERMEDADES

Aunque las principales plagas comienzan a aparecer en primavera, en verano deberás vigilar constantemente el huerto, pues es la época en la que más proliferan y se desarrollan. La higiene de la huerta es fundamental para mantenerla en buen estado durante todo el año. Por ello es importante que sepas cómo reaccionar para evitar que las plagas se transmitan a otras plantas y que no aparezcan la próxima temporada. En las páginas 194-213 te doy algunos remedios caseros y ecológicos para hacer frente a las plagas y enfermedades más frecuentes.

Pautas generales para una buena higiene en tu huerto

- Retira todas las plantas enfermas en cuanto las detectes. No se recomienda compostar, sino desechar.

- Limpia herramientas y manos después de tocar material infectado para evitar que la plaga se propague.

- No esparzas tierra de áreas afectadas.

- Mantén las plantas podadas cuando lo requieran para que haya suficiente ventilación.

- Desinfecta bien las macetas a utilizar, los invernaderos y toda la superficie que haya podido verse infectada.

4. REVISA TU HUERTO Y APARTA LAS MALAS HIERBAS

Para los cultivos de verano deberás realizar un control exigente de las malas hierbas y eliminarlas para que no compitan con tus cultivos. Desde la primavera, cuando empiezan las condiciones ideales para su desarrollo, las hierbas competidoras harán lo posible por invadir el huerto y, si no has tomado medidas, en verano estarán en un desarrollo muy avanzado y supondrán una amenaza.

- Si no quieres utilizar pesticidas químicos que dañen el suelo, puedes utilizar métodos naturales y sofocar las malas hierbas apilando papel de periódico, o acolchando bien el terreno o una escarda.

5. ¿LISTO PARA COSECHAR?

Ha llegado el momento de la recolección. Muchas hortalizas son de esta temporada, por lo que deberás estar preparado para recoger sus frutos.

- Debes recolectar de forma uniforme y correctamente; es decir, cuando el fruto esté en el momento óptimo (ni muy pequeño ni demasiado maduro).

- En ciertos cultivos, como lechugas, maíz o coles, se recomienda una siembra escalonada, para no tener toda la producción de golpe.

- Es el momento de empezar a hacer conservas. La cosecha de frutos es abundante y podrás disfrutar de ellos durante el invierno.

En la siguiente tabla encontrarás las plantas y hortalizas cuyas hojas y frutos puedes recolectar en los meses de verano:

HORTALIZAS DE FRUTO	HORTALIZAS DE HOJA	HORTALIZAS DE RAÍZ	PLANTAS AROMÁTICAS
Berenjena	Acelga	Ajo	Albahaca
Calabacín	Col	Cebolla	Cebollino
Calabaza	Espinaca	Nabo	Cilantro
Fresa	Lechuga	Rabanito	Eneldo
Judía verde		Remolacha	Estragón
Maíz		Zanahoria	Hierbabuena
Melón			Lavanda
Pepinillo			Menta
Pepino			Mostaza
Pimiento			Orégano
Sandía			Perejil
Tomate			Romero
			Tomillo

¿QUÉ PUEDO SEMBRAR Y/O TRASPLANTAR EN VERANO?

Ya sea en siembra directa o en semillero, estas son las hortalizas que mejor se adaptan a los meses de verano:

JULIO

CULTIVO	TIPO DE SIEMBRA	PLAZO DE COSECHA	SEMBRANDO EN JULIO, COSECHARÁS EN...
Acelga	Trasplante	3-4 meses	Octubre
Brócoli	Semillero	5-7 meses	Diciembre-febrero
Cardo	Semillero	5 meses	Diciembre
Chirivía	Siembra directa	5 meses	Diciembre
Col china	Semillero	3-5 meses	Octubre-diciembre
Col de Bruselas	Semillero	5-6 meses	Diciembre-enero
Col repollo	Semillero	3-5 meses	Octubre-diciembre
Coliflor	Semillero	6-8 meses	Enero-marzo
Colinabo	Siembra directa	6-7 meses	Enero-febrero
Judía verde	Siembra directa	2-3 meses	Septiembre-octubre
Maíz	Siembra directa	3 meses	Octubre

AGOSTO

CULTIVOS	TIPO DE SIEMBRA	PLAZO DE COSECHA	SEMBRANDO EN AGOSTO, COSECHARÁS EN...
Acelga	Trasplante	3-4 meses	Octubre
Brócoli	Semillero	5-7 meses	Enero-marzo
Cebolla temprana	Siembra directa	5-7 meses	Enero-marzo
Chirivía	Siembra directa	5 meses	Enero
Col repollo	Semillero	3-5 meses	Noviembre-enero
Col lombarda	Semillero	6-8 meses	Febrero-abril
Coliflor	semillero	6-8 meses	Febrero-abril
Colinabo	Siembra directa	6-7 meses	Febrero-marzo
Judía verde	Siembra directa	2-3 meses	Octubre-noviembre
Lechuga	Semillero/Trasplante	2-4 meses	Septiembre
Remolacha	Siembra directa	3-4 meses	Octubre
Zanahoria	Siembra directa	3-4 meses	Octubre

SEPTIEMBRE

CULTIVOS	TIPO DE SIEMBRA	PLAZO DE COSECHA	SEMBRANDO EN SEPTIEMBRE, COSECHARÁS EN...
Acelga	Siembra directa	3-4 meses	Julio
Apio	Semillero	4 meses	Enero
Cardo	Trasplante	5 meses	Febrero
Cebolla tardía	Trasplante	5-7 meses	Febrero-abril
Cebollino anual	Semillero/Trasplante	3-4 meses	Enero
Chirivía	Siembra directa	5 meses	Febrero
Cilantro	Semillero/Trasplante	4-5 meses	Enero-febrero
Col china	Trasplante	3-5 meses	Diciembre-febrero
Col de Bruselas	Trasplante	5-6 meses	Febrero-marzo
Coliflor	Trasplante	3 meses	Diciembre
Escarola	Trasplante	3-4 meses	Junio-mayo
Lechuga	Siembra directa	2-4 meses	Noviembre-enero
Puerro	Trasplante	6-7 meses	Febrero
Rabanito	Siembra directa	4-5 semanas	Octubre
Remolacha	Siembra directa	3-4 meses	Noviembre-diciembre
Repollo	Trasplante	3 meses	Diciembre
Zanahoria	Trasplante	3-4 meses	Noviembre-diciembre

LISTADO DE CULTIVOS
DE VERANO

CULTIVO	N° DE BANCAL	CULTIVO	N° DE BANCAL

DIARIO DE VERANO

Por junio el mucho calor no asusta al buen labrador

LUNES 22 JUNIO

Estado general de los cultivos ....

Tareas ....

Peligros (plagas y enfermedades) ....

MARTES 23 JUNIO

Estado general de los cultivos ....

Tareas ....

Peligros (plagas y enfermedades) ....

MIÉRCOLES 24 JUNIO

Estado general de los cultivos ....

Tareas ....

Peligros (plagas y enfermedades) ....

JUEVES 25 JUNIO

Estado general de los cultivos ....

Tareas ....

Peligros (plagas y enfermedades) ....

VIERNES 26 JUNIO

Estado general de los cultivos ....
....

Tareas ....
....

Peligros (plagas y enfermedades) ....
....

SÁBADO 27 JUNIO

Estado general de los cultivos ....
....

Tareas ....
....

Peligros (plagas y enfermedades) ....
....

DOMINGO 28 JUNIO

Estado general de los cultivos ....
....

Tareas ....
....

Peligros (plagas y enfermedades) ....
....

NOTAS GENERALES

Cosechas de la semana

SEMANA 27

LUNES 29 JUNIO

Estado general de los cultivos ....

Tareas ....

Peligros (plagas y enfermedades) ....

MARTES 30 JUNIO

Estado general de los cultivos ....

Tareas ....

Peligros (plagas y enfermedades) ....

MIÉRCOLES 1 JULIO

Estado general de los cultivos ....

Tareas ....

Peligros (plagas y enfermedades) ....

JUEVES 2 JULIO

Estado general de los cultivos ....

Tareas ....

Peligros (plagas y enfermedades) ....

VIERNES 3 JULIO

Estado general de los cultivos ....

Tareas ....

Peligros (plagas y enfermedades) ....

SÁBADO 4 JULIO

Estado general de los cultivos ....

Tareas ....

Peligros (plagas y enfermedades) ....

DOMINGO 5 JULIO

Estado general de los cultivos ....

Tareas ....

Peligros (plagas y enfermedades) ....

NOTAS GENERALES

Cosechas de la semana

Si en julio llueve, renace la hierba y el trigo se pierde

LUNES 6 JULIO

Estado general de los cultivos

Tareas

Peligros (plagas y enfermedades)

MARTES 7 JULIO

Estado general de los cultivos

Tareas

Peligros (plagas y enfermedades)

MIÉRCOLES 8 JULIO

Estado general de los cultivos

Tareas

Peligros (plagas y enfermedades)

JUEVES 9 JULIO

Estado general de los cultivos

Tareas

Peligros (plagas y enfermedades)

VIERNES 10 JULIO

Estado general de los cultivos ....

....

Tareas ....

....

Peligros (plagas y enfermedades) ....

....

SÁBADO 11 JULIO

Estado general de los cultivos ....

....

Tareas ....

....

Peligros (plagas y enfermedades) ....

....

DOMINGO 12 JULIO

Estado general de los cultivos ....

....

Tareas ....

....

Peligros (plagas y enfermedades) ....

....

NOTAS GENERALES

Cosechas de la semana ....

En julio, la hoz en el puño

LUNES 13 JULIO

Estado general de los cultivos ....
....

Tareas ....
....

Peligros (plagas y enfermedades) ....
....

MARTES 14 JULIO

Estado general de los cultivos ....
....

Tareas ....
....

Peligros (plagas y enfermedades) ....
....

MIÉRCOLES 15 JULIO

Estado general de los cultivos ....
....

Tareas ....
....

Peligros (plagas y enfermedades) ....
....

JUEVES 16 JULIO

Estado general de los cultivos ....
....

Tareas ....
....

Peligros (plagas y enfermedades) ....
....

VIERNES 17 JULIO

Estado general de los cultivos ....

....

Tareas ....

....

Peligros (plagas y enfermedades) ....

....

SÁBADO 18 JULIO

Estado general de los cultivos ....

....

Tareas ....

....

Peligros (plagas y enfermedades) ....

....

DOMINGO 19 JULIO

Estado general de los cultivos ....

....

Tareas ....

....

Peligros (plagas y enfermedades) ....

....

NOTAS GENERALES

Cosechas de la semana

Por Santiago (25 de julio), pinta la uva, pinta el melón y también el melocotón

LUNES 20 JULIO

Estado general de los cultivos ....

Tareas ....

Peligros (plagas y enfermedades) ....

MARTES 21 JULIO

Estado general de los cultivos ....

Tareas ....

Peligros (plagas y enfermedades) ....

MIÉRCOLES 22 JULIO

Estado general de los cultivos ....

Tareas ....

Peligros (plagas y enfermedades) ....

JUEVES 23 JULIO

Estado general de los cultivos ....

Tareas ....

Peligros (plagas y enfermedades) ....

VIERNES 24 JULIO

Estado general de los cultivos ....

....

Tareas ....

....

Peligros (plagas y enfermedades) ....

....

SÁBADO 25 JULIO

Estado general de los cultivos ....

....

Tareas ....

....

Peligros (plagas y enfermedades) ....

....

DOMINGO 26 JULIO

Estado general de los cultivos ....

....

Tareas ....

....

Peligros (plagas y enfermedades) ....

....

NOTAS GENERALES

Cosechas de la semana

Dice el labrador al trigo: «Para julio te espero, amigo»

LUNES 27 JULIO

Estado general de los cultivos ....
....

Tareas ....
....

Peligros (plagas y enfermedades) ....
....

MARTES 28 JULIO

Estado general de los cultivos ....
....

Tareas ....
....

Peligros (plagas y enfermedades) ....
....

MIÉRCOLES 29 JULIO

Estado general de los cultivos ....
....

Tareas ....
....

Peligros (plagas y enfermedades) ....
....

JUEVES 30 JULIO

Estado general de los cultivos ....
....

Tareas ....
....

Peligros (plagas y enfermedades) ....
....

VIERNES 31 JULIO ● ☼ ☁ 🌧 🌨

Estado general de los cultivos ....

....

Tareas ....

....

Peligros (plagas y enfermedades) ....

....

SÁBADO 1 AGOSTO ● ☼ ☁ 🌧 🌨

Estado general de los cultivos ....

....

Tareas ....

....

Peligros (plagas y enfermedades) ....

....

DOMINGO 2 AGOSTO ● ☼ ☁ 🌧 🌨

Estado general de los cultivos ....

....

Tareas ....

....

Peligros (plagas y enfermedades) ....

....

NOTAS GENERALES

Cosechas de la semana

Lo que en agosto madura, septiembre asegura

LUNES 3 AGOSTO

Estado general de los cultivos ....

....

Tareas ....

....

Peligros (plagas y enfermedades) ....

....

MARTES 4 AGOSTO

Estado general de los cultivos ....

....

Tareas ....

....

Peligros (plagas y enfermedades) ....

....

MIÉRCOLES 5 AGOSTO

Estado general de los cultivos ....

....

Tareas ....

....

Peligros (plagas y enfermedades) ....

....

JUEVES 6 AGOSTO

Estado general de los cultivos ....

....

Tareas ....

....

Peligros (plagas y enfermedades) ....

....

VIERNES 7 AGOSTO

Estado general de los cultivos ....
....

Tareas ....

Peligros (plagas y enfermedades) ....
....

SÁBADO 8 AGOSTO

Estado general de los cultivos ....
....

Tareas ....

Peligros (plagas y enfermedades) ....
....

DOMINGO 9 AGOSTO

Estado general de los cultivos ....
....

Tareas ....

Peligros (plagas y enfermedades) ....
....

NOTAS GENERALES

Cosechas de la semana

Agosto seco, castañas en cesto

LUNES 10 AGOSTO

Estado general de los cultivos ....

Tareas ....

Peligros (plagas y enfermedades) ....

MARTES 11 AGOSTO

Estado general de los cultivos ....

Tareas ....

Peligros (plagas y enfermedades) ....

MIÉRCOLES 12 AGOSTO

Estado general de los cultivos ....

Tareas ....

Peligros (plagas y enfermedades) ....

JUEVES 13 AGOSTO

Estado general de los cultivos ....

Tareas ....

Peligros (plagas y enfermedades) ....

VIERNES 14 AGOSTO

Estado general de los cultivos ....

....

Tareas ....

....

Peligros (plagas y enfermedades) ....

....

SÁBADO 15 AGOSTO

Estado general de los cultivos ....

....

Tareas ....

....

Peligros (plagas y enfermedades) ....

....

DOMINGO 16 AGOSTO

Estado general de los cultivos ....

....

Tareas ....

....

Peligros (plagas y enfermedades) ....

....

NOTAS GENERALES

Cosechas de la semana

Quien en agosto labra, la despensa prepara

LUNES 17 AGOSTO

Estado general de los cultivos ....

Tareas ....

Peligros (plagas y enfermedades) ....

MARTES 18 AGOSTO

Estado general de los cultivos ....

Tareas ....

Peligros (plagas y enfermedades) ....

MIÉRCOLES 19 AGOSTO

Estado general de los cultivos ....

Tareas ....

Peligros (plagas y enfermedades) ....

JUEVES 20 AGOSTO

Estado general de los cultivos ....

Tareas ....

Peligros (plagas y enfermedades) ....

VIERNES 21 AGOSTO

Estado general de los cultivos ....

Tareas ....

Peligros (plagas y enfermedades) ....

SÁBADO 22 AGOSTO

Estado general de los cultivos ....

Tareas ....

Peligros (plagas y enfermedades) ....

DOMINGO 23 AGOSTO

Estado general de los cultivos ....

Tareas ....

Peligros (plagas y enfermedades) ....

NOTAS GENERALES

Cosechas de la semana

Lluvias en agosto, mucha miel y mucho mosto

LUNES 24 AGOSTO

Estado general de los cultivos ....

Tareas ....

Peligros (plagas y enfermedades) ....

MARTES 25 AGOSTO

Estado general de los cultivos ....

Tareas ....

Peligros (plagas y enfermedades) ....

MIÉRCOLES 26 AGOSTO

Estado general de los cultivos ....

Tareas ....

Peligros (plagas y enfermedades) ....

JUEVES 27 AGOSTO

Estado general de los cultivos ....

Tareas ....

Peligros (plagas y enfermedades) ....

VIERNES 28 AGOSTO

Estado general de los cultivos ....

Tareas ....

Peligros (plagas y enfermedades) ....

SÁBADO 29 AGOSTO

Estado general de los cultivos ....

Tareas ....

Peligros (plagas y enfermedades) ....

DOMINGO 30 AGOSTO

Estado general de los cultivos ....

Tareas ....

Peligros (plagas y enfermedades) ....

NOTAS GENERALES

Cosechas de la semana

En septiembre, cosecha y no siembres

LUNES 31 AGOSTO

Estado general de los cultivos ....
....

Tareas ....
....

Peligros (plagas y enfermedades) ....
....

MARTES 1 SEPTIEMBRE

Estado general de los cultivos ....
....

Tareas ....
....

Peligros (plagas y enfermedades) ....
....

MIÉRCOLES 2 SEPTIEMBRE

Estado general de los cultivos ....
....

Tareas ....
....

Peligros (plagas y enfermedades) ....
....

JUEVES 3 SEPTIEMBRE

Estado general de los cultivos ....
....

Tareas ....
....

Peligros (plagas y enfermedades) ....
....

VIERNES 4 SEPTIEMBRE

Estado general de los cultivos ....

Tareas ....

Peligros (plagas y enfermedades) ....

SÁBADO 5 SEPTIEMBRE

Estado general de los cultivos ....

Tareas ....

Peligros (plagas y enfermedades) ....

DOMINGO 6 SEPTIEMBRE

Estado general de los cultivos ....

Tareas ....

Peligros (plagas y enfermedades) ....

NOTAS GENERALES

Cosechas de la semana

Septiembre benigno, octubre florido

LUNES 7 SEPTIEMBRE

Estado general de los cultivos ....

....

Tareas ....

....

Peligros (plagas y enfermedades) ....

....

MARTES 8 SEPTIEMBRE

Estado general de los cultivos ....

....

Tareas ....

....

Peligros (plagas y enfermedades) ....

....

MIÉRCOLES 9 SEPTIEMBRE

Estado general de los cultivos ....

....

Tareas ....

....

Peligros (plagas y enfermedades) ....

....

JUEVES 10 SEPTIEMBRE

Estado general de los cultivos ....

....

Tareas ....

....

Peligros (plagas y enfermedades) ....

....

VIERNES 11 SEPTIEMBRE

Estado general de los cultivos ....
....
Tareas ....
....
Peligros (plagas y enfermedades) ....
....

SÁBADO 12 SEPTIEMBRE

Estado general de los cultivos ....
....
Tareas ....
....
Peligros (plagas y enfermedades) ....
....

DOMINGO 13 SEPTIEMBRE

Estado general de los cultivos ....
....
Tareas ....
....
Peligros (plagas y enfermedades) ....
....

NOTAS GENERALES

Cosechas de la semana

Septiembre es frutero, alegre y festero

LUNES 14 SEPTIEMBRE

Estado general de los cultivos ....

....

Tareas ....

....

Peligros (plagas y enfermedades) ....

....

MARTES 15 SEPTIEMBRE

Estado general de los cultivos ....

....

Tareas ....

....

Peligros (plagas y enfermedades) ....

....

MIÉRCOLES 16 SEPTIEMBRE

Estado general de los cultivos ....

....

Tareas ....

....

Peligros (plagas y enfermedades) ....

....

JUEVES 17 SEPTIEMBRE

Estado general de los cultivos ....

....

Tareas ....

....

Peligros (plagas y enfermedades) ....

....

VIERNES 18 SEPTIEMBRE

Estado general de los cultivos ....

....

Tareas ....

....

Peligros (plagas y enfermedades) ....

....

SÁBADO 19 SEPTIEMBRE

Estado general de los cultivos ....

....

Tareas ....

....

Peligros (plagas y enfermedades) ....

....

DOMINGO 20 SEPTIEMBRE

Estado general de los cultivos ....

....

Tareas ....

....

Peligros (plagas y enfermedades) ....

....

NOTAS GENERALES

Cosechas de la semana ....

....

....

OTOÑO

El verano ha terminado y los cultivos empiezan a finalizar su ciclo y mueren por la bajada de temperaturas y las primeras heladas. Se acerca la época más fría del año y toca plantearse los cultivos de la nueva temporada y pensar tanto en lo que sembraremos en nuestra huerta otoñal como en las tareas fundamentales para empezar con buen pie el curso hortelano.

TAREAS DE OTOÑO

1. RECOLECTA LOS FRUTOS DE LOS CULTIVOS DEL VERANO

En otoño seguimos recolectando los frutos de los cultivos que sembramos en primavera y verano. Puedes seguir preparando conservas. Tendrás una buena cosecha de plantas aromáticas (perejil, hierbabuena, orégano, menta, cilantro, estragón, etc.), pero también de hortalizas de fruto, de hoja y de raíz:

HORTALIZAS DE FRUTO	HORTALIZAS DE HOJA	HORTALIZAS DE RAÍZ
Berenjena	Acelga	Chirivía
Calabacín	Apio	Colinabo
Calabaza	Col	Nabo
Maíz	Espinaca	Rabanito
Melón	Lechuga	Remolacha
Pepino	Puerro	Zanahoria
Pimiento		
Sandía		
Tomate		

2. PREPARA EL SUELO PARA LA NUEVA TEMPORADA

Tras cosechar los frutos de los cultivos de verano, lo primero que debes hacer es acondicionar el suelo para la siguiente siembra. Si en tu zona hace demasiado frío y no puedes plantar, dedícate a nutrir el suelo para la próxima primavera; si, por el contrario, tu huerto está en una zona de inviernos no demasiado duros, puedes sembrar cultivos de invierno, aunque primero deberás preparar el suelo y después plantar.

- Añade materia orgánica al suelo, ya sea en forma de compost, humus de lombriz o estiércol. Los organismos de la tierra te lo agradecerán, pues tendrán alimento para enfrentarse a la época fría. Los nuevos nutrientes mejorarán la estructura del suelo, amortiguarán los niveles de pH y aumentarán la resistencia a plagas y enfermedades.

- Utiliza acolchados naturales para cubrir las camas vacías y proporcionar una protección contra las lluvias, la nieve y el viento. Además, el acolchado ayudará a que no salgan las malas hierbas y mantendrá la humedad del suelo durante más tiempo. Puedes usar acolchados biodegradables de paja, aserrín, astillas de madera, agujas de pino, recortes de césped o cortezas y hojas de árbol.

3. SUSTITUYE LOS CULTIVOS DE VERANO POR LOS DE INVIERNO

Cuando comienza el otoño, las hortalizas de verano empiezan a mostrar signos de agotamiento: las hojas amarillean y los frutos tardan más en madurar y son más pequeños. Ha llegado el momento de reemplazarlas y de planificar tu huerta para los cultivos de invierno.

- Consulta el CALENDARIO DE SIEMBRA (págs. 30 y 31) para saber cuáles son los cultivos más adecuados para la época, teniendo en cuenta que si la tierra ha estado ocupada durante el verano con plantas de altas exigencias nutricionales, lo ideal es sembrar verduras y hortalizas que exijan un menor aporte de nutrientes. De este modo ayudarás al suelo a recuperarse tras la larga temporada estival.

- De manera general, te aconsejo que plantes hortalizas de hoja verde, como rúcula, acelga, lechuga, espinacas o cualquiera de la familia de las coles. También puedes plantar cultivos como el apio, los arándanos (cualquier fruto del bosque) o el ruibarbo. No te olvides de los guisantes y las habas.

- Consulta las tablas de ROTACIONES y ASOCIACIONES DE CULTIVOS (págs. 34 y 41) para planificar tu huerto y evitar que las plantas compitan entre sí por la obtención de nutrientes.

4. PROTEGE TU HUERTO DEL VIENTO Y DE LA LLUVIA EXCESIVOS

- Durante la temporada de lluvias es conveniente consultar las previsiones meteorológicas, ya que las necesidades hídricas de las plantas se reducen y no conviene regar si sabemos que se esperan lluvias en los días posteriores.

- El viento también puede ser muy perjudicial para el huerto. Si tu parcela tiene zonas muy expuestas, te aconsejo que instales un túnel de cultivo que proteja las plantas del viento y del frío.

- Después de sembrar, te recomiendo que coloques un acolchado que cubra el suelo durante el invierno. De este modo las raíces no sufrirán las bajas temperaturas y el rendimiento de las plantas será mayor.

5. PLANTA AJOS Y CEBOLLAS

Los dientes de ajos plantados en otoño suelen ser de mayor tamaño y de mejor sabor que los plantados en invierno porque han tenido más tiempo para enraizar cuando aún no hace tanto frío.

- Si siembras ajos de octubre a noviembre, los cosecharás en verano y comprobarás que son de excelente calidad.

- También es buen momento para plantar cebollas (ya sea en plantines o en semilla), que cosecharás en primavera. Si las siembras en semillas, deberás cubrirlas con una fina capa de mantillo para mantener la tierra húmeda y protegerlas de las hierbas competidoras. Cuando salgan los primeros brotes, te aconsejo que añadas otra capa de mantillo para que sigan desarrollándose con fuerza.

6. HAZ FRENTE A LAS ENFERMEDADES Y A LAS PLAGAS DEL OTOÑO

En otoño no hay tantas plagas como en primavera, pero si las temperaturas son altas pueden aparecer hongos y otra plagas, a los que te aconsejo que hagas frente con los remedios caseros (insecticidas y fungidas ecológicos) que te explico con detalle en mi libro anterior (*Vente al huerto*) y que te resumo en el siguiente capítulo. En cuanto bajan las temperaturas, las plagas se van de letargo.

¿QUÉ PUEDO SEMBRAR Y/O TRASPLANTAR EN OTOÑO?

OCTUBRE

CULTIVO	TIPO DE SIEMBRA	PLAZO DE COSECHA	SEMBRANDO EN OCTUBRE, COSECHARÁS EN...
Acelga	Semillero/Trasplante	3-4 meses	Diciembre
Ajo	Siembra directa	3-4 meses	Enero-febrero
Apio	Semillero	4 meses	Febrero
Borraja	Semillero/Trasplante	2-4 meses	Diciembre-febrero
Brócoli	Trasplante	3-4 meses	Enero
Cebolla temprana	Trasplante	5-7 meses	Marzo-mayo
Chirivía	Siembra directa	5 meses	Marzo
Col repollo	Trasplante	3-4 meses	Enero
Col de Bruselas	Trasplante	3-4 meses	Enero
Coliflor	Trasplante	3-4 meses	Enero
Espinaca	Siembra directa/Trasplante	2-3 meses	Noviembre
Guisante	Siembra directa	4-5 meses	Febrero-marzo
Haba	Siembra directa	5-6 meses	Marzo-abril
Lechuga	Semillero/Trasplante	2-4 meses	Noviembre
Puerro	Trasplante	6-7 meses	Marzo
Rabanito	Siembra directa	4-5 semanas	Noviembre
Remolacha	Siembra directa	3-4 meses	Enero-febrero
Zanahoria	Siembra directa	3-4 meses	Diciembre

NOVIEMBRE

CULTIVO	TIPO DE SIEMBRA	PLAZO DE COSECHA	SEMBRANDO EN NOVIEMBRE, COSECHARÁS EN...
Ajo	Siembra directa	3-4 meses	Febrero-marzo
Borraja	Trasplante	2-4 meses	Enero-marzo
Brócoli	Trasplante	3-4 meses	Febrero
Col repollo	Trasplante	3-4 meses	Febrero
Coliflor	Trasplante	3-4 meses	Febrero
Escarola	Trasplante	2-3 meses	Enero
Guisante	Siembra directa	4-5 meses	Marzo-abril
Haba	Siembra directa	5-6 meses	Abril-mayo
Zanahoria	Siembra directa	3-4 meses	Febrero

DICIEMBRE

CULTIVO	TIPO DE SIEMBRA	PLAZO DE COSECHA	SEMBRANDO EN DICIEMBRE, COSECHARÁS EN...
Ajo	Siembra directa	3-4 meses	Marzo-abril
Borraja	Siembra directa	2-4 meses	Febrero-abril
Cebolla tardía	Trasplante	7-8 meses	Julio-agosto
Escarola	Trasplante	2-3 meses	Febrero
Guisante	Siembra directa/Semillero	4-5 meses	Abril-mayo

LISTADO DE CULTIVOS
DE OTOÑO

CULTIVO	N° DE BANCAL	CULTIVO	N° DE BANCAL

DIARIO DE OTOÑO

SEMANA 39   *En septiembre, el vendimiador corta los racimos de dos en dos*

LUNES 21 SEPTIEMBRE

Estado general de los cultivos ....

Tareas ....

Peligros (plagas y enfermedades) ....

MARTES 22 SEPTIEMBRE

Estado general de los cultivos ....

Tareas ....

Peligros (plagas y enfermedades) ....

MIÉRCOLES 23 SEPTIEMBRE

Estado general de los cultivos ....

Tareas ....

Peligros (plagas y enfermedades) ....

JUEVES 24 SEPTIEMBRE

Estado general de los cultivos ....

Tareas ....

Peligros (plagas y enfermedades) ....

VIERNES 25 SEPTIEMBRE

Estado general de los cultivos ....

Tareas ....

Peligros (plagas y enfermedades) ....

SÁBADO 26 SEPTIEMBRE

Estado general de los cultivos ....

Tareas ....

Peligros (plagas y enfermedades) ....

DOMINGO 27 SEPTIEMBRE

Estado general de los cultivos ....

Tareas ....

Peligros (plagas y enfermedades) ....

NOTAS GENERALES

Cosechas de la semana

Por San Miguel (29 de septiembre), los higos son miel

LUNES 28 SEPTIEMBRE

Estado general de los cultivos

Tareas

Peligros (plagas y enfermedades)

MARTES 29 SEPTIEMBRE

Estado general de los cultivos

Tareas

Peligros (plagas y enfermedades)

MIÉRCOLES 30 SEPTIEMBRE

Estado general de los cultivos

Tareas

Peligros (plagas y enfermedades)

JUEVES 1 OCTUBRE

Estado general de los cultivos

Tareas

Peligros (plagas y enfermedades)

VIERNES 2 OCTUBRE

Estado general de los cultivos ....

....

Tareas ....

....

Peligros (plagas y enfermedades) ....

....

SÁBADO 3 OCTUBRE

Estado general de los cultivos ....

....

Tareas ....

....

Peligros (plagas y enfermedades) ....

....

DOMINGO 4 OCTUBRE

Estado general de los cultivos ....

....

Tareas ....

....

Peligros (plagas y enfermedades) ....

....

NOTAS GENERALES

Cosechas de la semana

Por el Pilar (12 de octubre), todos a vendimiar

LUNES 5 OCTUBRE

Estado general de los cultivos

Tareas

Peligros (plagas y enfermedades)

MARTES 6 OCTUBRE

Estado general de los cultivos

Tareas

Peligros (plagas y enfermedades)

MIÉRCOLES 7 OCTUBRE

Estado general de los cultivos

Tareas

Peligros (plagas y enfermedades)

JUEVES 8 OCTUBRE

Estado general de los cultivos

Tareas

Peligros (plagas y enfermedades)

VIERNES 9 OCTUBRE

Estado general de los cultivos ....

Tareas ....

Peligros (plagas y enfermedades) ....

SÁBADO 10 OCTUBRE

Estado general de los cultivos ....

Tareas ....

Peligros (plagas y enfermedades) ....

DOMINGO 11 OCTUBRE

Estado general de los cultivos ....

Tareas ....

Peligros (plagas y enfermedades) ....

NOTAS GENERALES

Cosechas de la semana

De duelo se cubre quien no sembró en octubre

LUNES 12 OCTUBRE

Estado general de los cultivos ....

....

Tareas ....

....

Peligros (plagas y enfermedades) ....

....

MARTES 13 OCTUBRE

Estado general de los cultivos ....

....

Tareas ....

....

Peligros (plagas y enfermedades) ....

....

MIÉRCOLES 14 OCTUBRE

Estado general de los cultivos ....

....

Tareas ....

....

Peligros (plagas y enfermedades) ....

....

JUEVES 15 OCTUBRE

Estado general de los cultivos ....

....

Tareas ....

....

Peligros (plagas y enfermedades) ....

....

VIERNES 16 OCTUBRE

Estado general de los cultivos ....

Tareas ....

Peligros (plagas y enfermedades) ....

SÁBADO 17 OCTUBRE

Estado general de los cultivos ....

Tareas ....

Peligros (plagas y enfermedades) ....

DOMINGO 18 OCTUBRE

Estado general de los cultivos ....

Tareas ....

Peligros (plagas y enfermedades) ....

NOTAS GENERALES

Cosechas de la semana

En octubre, la tierra estercola y cubre

LUNES 19 OCTUBRE

Estado general de los cultivos ....
....

Tareas ....
....

Peligros (plagas y enfermedades) ....
....

MARTES 20 OCTUBRE

Estado general de los cultivos ....
....

Tareas ....
....

Peligros (plagas y enfermedades) ....
....

MIÉRCOLES 21 OCTUBRE

Estado general de los cultivos ....
....

Tareas ....
....

Peligros (plagas y enfermedades) ....
....

JUEVES 22 OCTUBRE

Estado general de los cultivos ....
....

Tareas ....
....

Peligros (plagas y enfermedades) ....
....

VIERNES 23 OCTUBRE

Estado general de los cultivos ....

Tareas ....

Peligros (plagas y enfermedades) ....

SÁBADO 24 OCTUBRE

Estado general de los cultivos ....

Tareas ....

Peligros (plagas y enfermedades) ....

DOMINGO 25 OCTUBRE

Estado general de los cultivos ....

Tareas ....

Peligros (plagas y enfermedades) ....

NOTAS GENERALES

Cosechas de la semana

*Por Todos los Santos, los trigos sembrados
y todos los frutos en casa encerrados*

LUNES 26 OCTUBRE

Estado general de los cultivos ....

....

Tareas ....

....

Peligros (plagas y enfermedades) ....

....

MARTES 27 OCTUBRE

Estado general de los cultivos ....

....

Tareas ....

....

Peligros (plagas y enfermedades) ....

....

MIÉRCOLES 28 OCTUBRE

Estado general de los cultivos ....

....

Tareas ....

....

Peligros (plagas y enfermedades) ....

....

JUEVES 29 OCTUBRE

Estado general de los cultivos ....

....

Tareas ....

....

Peligros (plagas y enfermedades) ....

....

VIERNES 30 OCTUBRE

Estado general de los cultivos ....

Tareas ....

Peligros (plagas y enfermedades) ....

SÁBADO 31 OCTUBRE

Estado general de los cultivos ....

Tareas ....

Peligros (plagas y enfermedades) ....

DOMINGO 1 NOVIEMBRE

Estado general de los cultivos ....

Tareas ....

Peligros (plagas y enfermedades) ....

NOTAS GENERALES

Cosechas de la semana

Si en noviembre oyes que truena, la siguiente cosecha será buena

LUNES 2 NOVIEMBRE

Estado general de los cultivos ....

....

Tareas ....

....

Peligros (plagas y enfermedades) ....

....

MARTES 3 NOVIEMBRE

Estado general de los cultivos ....

....

Tareas ....

....

Peligros (plagas y enfermedades) ....

....

MIÉRCOLES 4 NOVIEMBRE

Estado general de los cultivos ....

....

Tareas ....

....

Peligros (plagas y enfermedades) ....

....

JUEVES 5 NOVIEMBRE

Estado general de los cultivos ....

....

Tareas ....

....

Peligros (plagas y enfermedades) ....

....

VIERNES 6 NOVIEMBRE

Estado general de los cultivos ....
....

Tareas ....
....

Peligros (plagas y enfermedades) ....
....

SÁBADO 7 NOVIEMBRE

Estado general de los cultivos ....
....

Tareas ....
....

Peligros (plagas y enfermedades) ....
....

DOMINGO 8 NOVIEMBRE

Estado general de los cultivos ....
....

Tareas ....
....

Peligros (plagas y enfermedades) ....
....

NOTAS GENERALES

Cosechas de la semana

Ajo ruin, ¿por qué no naciste? Porque no me sembraste por San Martín (11 de noviembre)

LUNES 9 NOVIEMBRE

Estado general de los cultivos ....

Tareas ....

Peligros (plagas y enfermedades) ....

MARTES 10 NOVIEMBRE

Estado general de los cultivos ....

Tareas ....

Peligros (plagas y enfermedades) ....

MIÉRCOLES 11 NOVIEMBRE

Estado general de los cultivos ....

Tareas ....

Peligros (plagas y enfermedades) ....

JUEVES 12 NOVIEMBRE

Estado general de los cultivos ....

Tareas ....

Peligros (plagas y enfermedades) ....

VIERNES 13 NOVIEMBRE

Estado general de los cultivos ....

....

Tareas ....

....

Peligros (plagas y enfermedades) ....

....

SÁBADO 14 NOVIEMBRE

Estado general de los cultivos ....

....

Tareas ....

....

Peligros (plagas y enfermedades) ....

....

DOMINGO 15 NOVIEMBRE

Estado general de los cultivos ....

....

Tareas ....

....

Peligros (plagas y enfermedades) ....

....

NOTAS GENERALES

Cosechas de la semana

Del 20 de noviembre en adelante, el invierno ya es constante

LUNES 16 NOVIEMBRE

Estado general de los cultivos ....

Tareas ....

Peligros (plagas y enfermedades) ....

MARTES 17 NOVIEMBRE

Estado general de los cultivos ....

Tareas ....

Peligros (plagas y enfermedades) ....

MIÉRCOLES 18 NOVIEMBRE

Estado general de los cultivos ....

Tareas ....

Peligros (plagas y enfermedades) ....

JUEVES 19 NOVIEMBRE

Estado general de los cultivos ....

Tareas ....

Peligros (plagas y enfermedades) ....

VIERNES 20 NOVIEMBRE

Estado general de los cultivos ....

....

Tareas ....

....

Peligros (plagas y enfermedades) ....

....

SÁBADO 21 NOVIEMBRE

Estado general de los cultivos ....

....

Tareas ....

....

Peligros (plagas y enfermedades) ....

....

DOMINGO 22 NOVIEMBRE

Estado general de los cultivos ....

....

Tareas ....

....

Peligros (plagas y enfermedades) ....

....

NOTAS GENERALES

Cosechas de la semana

No pase noviembre sin que el labrador siembre

LUNES 23 NOVIEMBRE

Estado general de los cultivos ....

Tareas ....

Peligros (plagas y enfermedades) ....

MARTES 24 NOVIEMBRE

Estado general de los cultivos ....

Tareas ....

Peligros (plagas y enfermedades) ....

MIÉRCOLES 25 NOVIEMBRE

Estado general de los cultivos ....

Tareas ....

Peligros (plagas y enfermedades) ....

JUEVES 26 NOVIEMBRE

Estado general de los cultivos ....

Tareas ....

Peligros (plagas y enfermedades) ....

VIERNES 27 NOVIEMBRE

Estado general de los cultivos ....

Tareas ....

Peligros (plagas y enfermedades) ....

SÁBADO 28 NOVIEMBRE

Estado general de los cultivos ....

Tareas ....

Peligros (plagas y enfermedades) ....

DOMINGO 29 NOVIEMBRE

Estado general de los cultivos ....

Tareas ....

Peligros (plagas y enfermedades) ....

NOTAS GENERALES

Cosechas de la semana

Diciembre tiritando, buen enero y mejor año

LUNES 30 NOVIEMBRE

Estado general de los cultivos ....

Tareas ....

Peligros (plagas y enfermedades) ....

MARTES 1 DICIEMBRE

Estado general de los cultivos ....

Tareas ....

Peligros (plagas y enfermedades) ....

MIÉRCOLES 2 DICIEMBRE

Estado general de los cultivos ....

Tareas ....

Peligros (plagas y enfermedades) ....

JUEVES 3 DICIEMBRE

Estado general de los cultivos ....

Tareas ....

Peligros (plagas y enfermedades) ....

VIERNES 4 DICIEMBRE

Estado general de los cultivos ....

Tareas ....

Peligros (plagas y enfermedades) ....

SÁBADO 5 DICIEMBRE

Estado general de los cultivos ....

Tareas ....

Peligros (plagas y enfermedades) ....

DOMINGO 6 DICIEMBRE

Estado general de los cultivos ....

Tareas ....

Peligros (plagas y enfermedades) ....

NOTAS GENERALES

Cosechas de la semana

Cuando en diciembre veas nevar, ensancha el granero y el pajar

LUNES 7 DICIEMBRE

Estado general de los cultivos

Tareas

Peligros (plagas y enfermedades)

MARTES 8 DICIEMBRE

Estado general de los cultivos

Tareas

Peligros (plagas y enfermedades)

MIÉRCOLES 9 DICIEMBRE

Estado general de los cultivos

Tareas

Peligros (plagas y enfermedades)

JUEVES 10 DICIEMBRE

Estado general de los cultivos

Tareas

Peligros (plagas y enfermedades)

VIERNES 11 DICIEMBRE

Estado general de los cultivos ....

Tareas ....

Peligros (plagas y enfermedades) ....

SÁBADO 12 DICIEMBRE

Estado general de los cultivos ....

Tareas ....

Peligros (plagas y enfermedades) ....

DOMINGO 13 DICIEMBRE

Estado general de los cultivos ....

Tareas ....

Peligros (plagas y enfermedades) ....

NOTAS GENERALES

Cosechas de la semana

En diciembre se hielan las cañas y se asan las castañas

LUNES 14 DICIEMBRE

Estado general de los cultivos ....

Tareas ....

Peligros (plagas y enfermedades) ....

MARTES 15 DICIEMBRE

Estado general de los cultivos ....

Tareas ....

Peligros (plagas y enfermedades) ....

MIÉRCOLES 16 DICIEMBRE

Estado general de los cultivos ....

Tareas ....

Peligros (plagas y enfermedades) ....

JUEVES 17 DICIEMBRE

Estado general de los cultivos ....

Tareas ....

Peligros (plagas y enfermedades) ....

VIERNES 18 DICIEMBRE

Estado general de los cultivos ....

Tareas ....

Peligros (plagas y enfermedades) ....

SÁBADO 19 DICIEMBRE

Estado general de los cultivos ....

Tareas ....

Peligros (plagas y enfermedades) ....

DOMINGO 20 DICIEMBRE

Estado general de los cultivos ....

Tareas ....

Peligros (plagas y enfermedades) ....

NOTAS GENERALES

Cosechas de la semana

En diciembre, la tierra se duerme

LUNES 21 DICIEMBRE

Estado general de los cultivos ....

Tareas ....

Peligros (plagas y enfermedades) ....

MARTES 22 DICIEMBRE

Estado general de los cultivos ....

Tareas ....

Peligros (plagas y enfermedades) ....

MIÉRCOLES 23 DICIEMBRE

Estado general de los cultivos ....

Tareas ....

Peligros (plagas y enfermedades) ....

JUEVES 24 DICIEMBRE

Estado general de los cultivos ....

Tareas ....

Peligros (plagas y enfermedades) ....

VIERNES 25 DICIEMBRE

Estado general de los cultivos ....

Tareas ....

Peligros (plagas y enfermedades) ....

SÁBADO 26 DICIEMBRE

Estado general de los cultivos ....

Tareas ....

Peligros (plagas y enfermedades) ....

DOMINGO 27 DICIEMBRE

Estado general de los cultivos ....

Tareas ....

Peligros (plagas y enfermedades) ....

NOTAS GENERALES

Cosechas de la semana

Cuando diciembre se va tiritando, año bueno viene anunciando

LUNES 28 DICIEMBRE

Estado general de los cultivos ....

Tareas ....

Peligros (plagas y enfermedades) ....

MARTES 29 DICIEMBRE

Estado general de los cultivos ....

Tareas ....

Peligros (plagas y enfermedades) ....

MIÉRCOLES 30 DICIEMBRE

Estado general de los cultivos ....

Tareas ....

Peligros (plagas y enfermedades) ....

JUEVES 31 DICIEMBRE

Estado general de los cultivos ....

Tareas ....

Peligros (plagas y enfermedades) ....

VIERNES 1 ENERO

Estado general de los cultivos ....

....

Tareas ....

....

Peligros (plagas y enfermedades) ....

....

SÁBADO 2 ENERO

Estado general de los cultivos ....

....

Tareas ....

....

Peligros (plagas y enfermedades) ....

....

DOMINGO 3 ENERO

Estado general de los cultivos ....

....

Tareas ....

....

Peligros (plagas y enfermedades) ....

....

NOTAS GENERALES

Cosechas de la semana

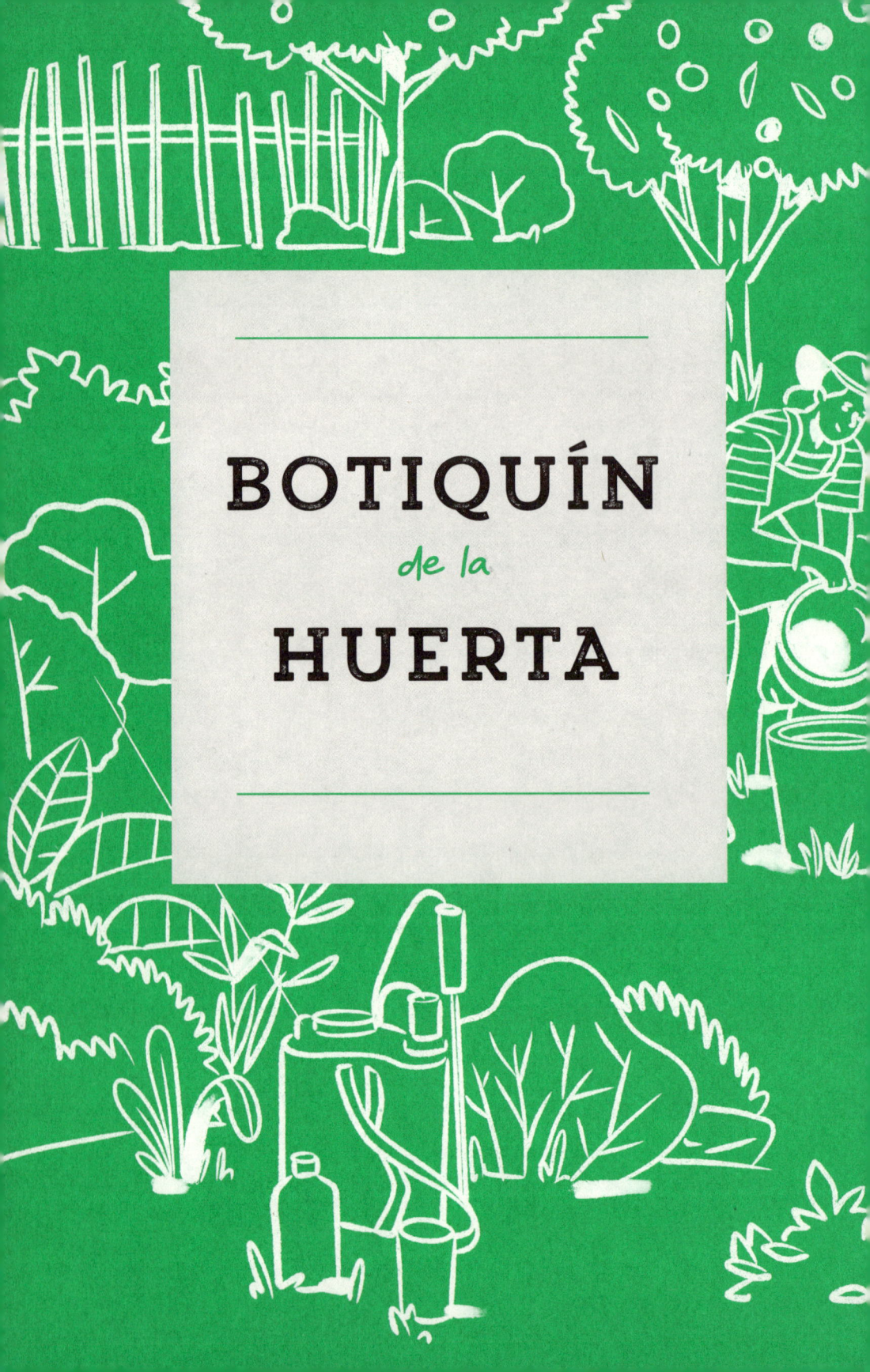

BOTIQUÍN

de la

HUERTA

Son muchos los peligros a los que los hortelanos tenemos que enfrentarnos para mantener en buena forma los cultivos de nuestro huerto ecológico. Y como siempre es mejor prevenir que curar, aquí te ofrezco los principales remedios caseros y naturales para evitar que tus plantas sufran las plagas y enfermedades más habituales. Toma buena nota y elabora fácilmente tu propio botiquín ecológico.

COMBATIR PLAGAS
CON REMEDIOS CASEROS

Mucho antes de que se inventaran los pesticidas químicos, los agricultores recurrían a remedios caseros para deshacerse de las plagas de insectos y otros animales que con frecuencia afectan a las plantas. Estas alternativas naturales las podemos fabricar fácilmente en casa y pueden salvar la cosecha de nuestro huerto.

A continuación enumero las plagas más comunes y los remedios más efectivos para combatirlas:

ARAÑA BLANCA

Es un pequeño ácaro que afecta a numerosos cultivos, principalmente en los meses más cálidos, que suele llegar por efecto del viento o de otras plagas.

CARACTERÍSTICAS:

- Las plantas que se ven más afectadas son los tomates, los pimientos, las berenjenas, los pepinos, las patatas, las frambuesas y los cítricos.

- Es muy difícil detectarlo a simple vista, pero, si nos fijamos bien, observaremos unos bichitos pequeños blanquecinos y redondeados en el envés de las hojas. También veremos las pequeñas telarañas que construyen para desplazarse por la planta.

- Los síntomas más habituales son los siguientes: las yemas, los tallos y los frutos se deforman y las flores se decoloran, adquiriendo un color marrón en los bordes. En los tomates, las hojas superiores se queman y los brotes se secan.

TRATAMIENTO:

- Para prevenir, lo mejor es mantener un alto grado de humedad en las hojas de las plantas.

- Eliminar de la huerta las plantas afectadas. Las tiraremos a la basura o las quemaremos para que la plaga no se propague.

- Aplicar aceite de neem (la dosis recomendada por el fabricante) mezclado con jabón potásico.

- Aplicar extracto de hiedra.

- Aplicar apichi (mezcla de ajos, pimienta y chiles picantes).

CÓMO HACER APICHI CASERO

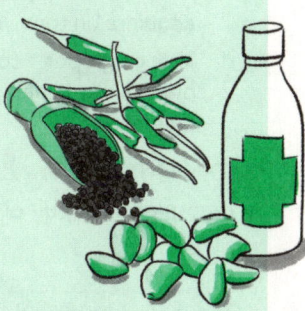

INGREDIENTES:

- 500 gr de chiles habaneros o guindillas

- 500 gr de ajo

- 500 gr de pimienta sin moler

- 500 ml de alcohol (96 grados)

PASOS:

1. Molemos en la licuadora cada ingrediente por separado y mezclamos bien.

2. Dejamos macerar en un bol toda la noche para que extraiga todas las propiedades.

3. Añadimos 10 litros de agua, a ser posible, de lluvia. Dejamos la mezcla tapada, en un lugar fresco y sin sol, durante 2 semanas.

4. Colamos la mezcla para eliminar los grumos y volvemos a diluir (por cada 100 ml de preparado ponemos 1 litro de agua).

5. Aplicamos con pulverizador sobre las hojas de los cultivos, y siempre por la noche o al atardecer.

ARAÑA ROJA

Es un ácaro que se alimenta de la savia de
las plantas, a las que causa daños importantes,
casi siempre relacionados con el crecimiento,
ya que puede provocar enanismo. Suele
aparecer en los meses más cálidos.

CARACTERÍSTICAS:

- Afecta a multitud de cultivos, incluidas las
  plantas ornamentales. Sus principales víctimas
  son la berenjena, el calabacín, las judías, las
  patatas, el melón, los pepinos, los pimientos, la sandía, el tomate, las fresas y
  el maíz.
- Se reproduce muy rápidamente (cada hembra pone 5 huevos por día) y puede
  llegar a vivir 28 días.
- Mide 0,5 mm y, pese a su nombre, puede cambiar de color (en verano
  adquiere un tono verdoso; en invierno se vuelve más rojiza).
- Vive en grupos y construye una especie de tela en el envés de las hojas de las
  plantas que le permite ocultarse de los depredadores y desplazarse por toda la
  planta.

TRATAMIENTO:

Se recomienda seguir el mismo tratamiento que para la araña blanca.

CARACOLES Y BABOSAS

Son muy habituales en las huertas,
sobre todo en primavera y en otoño, ya
que se reproducen con facilidad (son
hermafroditas).

TRATAMIENTO:

- La técnica más habitual para
  evitar la plaga de estos moluscos es
  colocar cerca de las plantas un recipiente
  lleno de cerveza, ya que les encanta. Acudirán por la noche atraídos por el
  olor, se meterán en el cuenco y se ahogarán.
- Para evitar que pongan huevos cerca de nuestros cultivos podemos colocar
  cáscaras de huevo, conchas o ceniza, ya que no les gusta nada ni habitar ni
  desplazarse por este tipo de superficies.

- Últimamente yo utilizo tejas viejas o macetas de cerámica rotas que reparto por el huerto: los caracoles se refugian en ellas durante el día buscando la humedad y los podemos retirar fácilmente.
- Salir por la noche con una linterna es un método muy efectivo para cazarlos en plena tarea.

CHINCHE VERDE

Se trata de un hemíptero fitófago que se alimenta de la savia de las plantas, dañándolas de manera considerable.

CARACTERÍSTICAS:

- Es habitual en todo tipo de cultivos, como los tomates, los pimientos, los calabacines, las coles, los rábanos. También acepta a algunas plantas ornamentales y a ciertos árboles frutales, como el mango, el maracuyá o la vid.

- Atacan tanto a las hojas (cuando son larvas) como a los frutos (cuando son adultos). La herida que dejan en unas y otros puede ser infectada por hongos o bacterias, llegando a causar desecación o raquitismo, y deteniendo el crecimiento de la planta.

TRATAMIENTO:

- Para prevenir, debemos controlar las malas hierbas, pues pueden ser portadoras de chinches.

- Regar con aceite de neem (3-4 ml de aceite por litro de agua) una vez cada 3 semanas.

- Aplicar jabón potásico.

- Aplicar purín de ortiga.

COCHINILLA ALGODONOSA

Es otra de las plagas más frecuentes en la huerta. Se trata de una especie de chinche que se alimenta de la savia de las plantas.

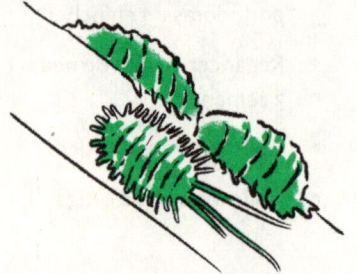

CARACTERÍSTICAS:

- Hay diversas especies, pero todas tienen el mismo comportamiento. Suelen ser de color gris, de consistencia blanda, y se recubren con una sustancia blanca cerosa.
- Afecta tanto a las plantas de exterior como a las de interior. También ataca a las plantas aromáticas, como la lavanda, el romero o el orégano; a los árboles frutales, como el naranjo o el limonero,

a la vid y al ciprés, y a plantas ornamentales, como la adelfa, el ficus, el geranio, etc.

- Sabemos que tenemos una plaga de cochinilla algodonosa cuando nuestras plantas no florecen, adquieren un tono amarillento y comienzan a secarse. Si miramos de cerca, veremos a las cochinillas debajo de las hojas y entre los tallos.

TRATAMIENTO:

- Podemos usar trampas cromáticas (visita mi blog para ver cómo se hacen) para que los machos alados de la cochinilla se queden pegados.
- El jabón potásico y el aceite de neem son los productos más eficaces para combatirla.

¿QUÉ ES EL ACEITE DE NEEM?

- Es un aceite de origen vegetal que se extrae de las frutas y de las semillas del árbol de nim, un árbol de hoja perenne que procede de la India, aunque se cultiva en muchos otros lugares del mundo.
- Es efectivo para combatir numerosas plagas de insectos y hongos que pueden afectar a las plantas: pulgones, moscas blancas, trips, cochinillas, arañas rojas y blancas, ácaros, termitas, chinches, hormigas, orugas, etc.
- Por sus características, el aceite de neem no se puede mezclar con agua, así que lo mejor es combinarlo con jabón potásico. Debemos usarlo con pulverizador. Está permitido en agricultura ecológica porque no daña el medioambiente y es biodegradable.
- No es tóxico para personas y mascotas. Tampoco afecta a insectos beneficiosos para las plantas, como las abejas o las mariquitas.
- Aporta nitrógeno y otros nutrientes a las plantas.

MOSCA BLANCA

Es una de las plagas más difíciles de combatir y debemos actuar
inmediatamente, en cuanto veamos los primeros ejemplares.

CARACTERÍSTICAS:

- Mide entre 1 y 2 mm y la solemos encontrar en el envés de las hojas de las
plantas. Es de color blanco y de forma triangular.

- Chupa la savia de la planta y transmite enfermedades con sus excrementos.
Además, atrae a las hormigas.

- Sus cultivos favoritos son las tomateras y las coles, aunque también la
podemos encontrar en pimientos, berenjenas, fresas, pepinos y calabazas.

TRATAMIENTO:

- Lo mejor es aplicar el insecticida casero apichi, jabón potásico y aceite de
neem, extracto de hiedra o infusión de consuelda. También podemos aplicar
un chorro de agua a presión sobre la tomatera para hacer que los insectos
caigan al suelo y mueran.

- Podemos colocar trampas cromáticas, es decir, una trampa basada en
la atracción que ciertos insectos sienten hacia un determinado color,
fundamentalmente el amarillo. (Si quieres saber cómo hacer una trampa
cromática te recomiendo que visites mi blog).

CÓMO HACER JABÓN POTÁSICO CASERO

INGREDIENTES:

- 120 gr de aceite vegetal
- 20 gr de hidróxido de potasio (KOH)
- 20 gr de agua

PASOS:

1. Ponte las protecciones (gafas y guantes) y mezcla la potasa con el agua y ve removiendo. Verás que aumenta la temperatura mientras se hace la reacción.

2. En otro bol o recipiente vierte el aceite vegetal y caliéntalo al baño maría en una olla durante unos pocos minutos. Luego retíralo del fuego.

3. Cuando estén las dos cosas a temperatura ambiente, mézclalas juntas en uno de los recipientes. Verás que va adquiriendo un color oscuro. Cuando esté más uniforme, bátelo con una batidora unos 2-3 minutos.

4. Deja que la mezcla batida repose por unos 10 minutos y vuelve a batir durante otros 3 minutos, repítelo tantas veces como te haga falta hasta que consigas la textura que prefieres.

5. Puedes dejarlo en el recipiente que has usado para hacer la última mezcla si tiene tapa, o bien guardarlo en una botella de plástico o vidrio.

6. La dosis más habitual es de 1-2 % de jabón potásico en agua.

ORUGAS

Multitud de orugas (de mariposas o de polillas) pueden alimentarse de las hojas y de los frutos de nuestras plantas. Puesto que son polífagas (les gusta todo lo que hay en una huerta) debemos combatirlas para evitar sorpresas.

CARACTERÍSTICAS:

- Su ciclo de vida es muy sencillo: la mariposa o la polilla pone los huevos en la planta de la que se alimenta y a los pocos días emergen las orugas, que comienzan a alimentarse sin parar hasta que alcanzan el tamaño adecuado para entrar en estado de crisálida. Dependiendo de la especie, a las pocas semanas emergerá la futura mariposa.

- Los síntomas que nos indican que empezamos a tener orugas en la huerta son los pequeños agujeros que podemos ver en las hojas de las plantas. Las orugas suelen esconderse en la parte de abajo de las hojas y en los tallos, e incluso debajo del sustrato.

TRATAMIENTO:

- Lo mejor es preparar apichi, que actúa por contacto cuando la plaga está ya instalada en el huerto, pulverizando cada 3 días.

- Otro remedio casero muy eficaz para combatir las orugas es el purín de hojas de tomateras.

- También se puede utilizar la bacteria *Bacillus thuringiensis*, que vive en el suelo y tiene una toxina que se activa en el tracto digestivo de las orugas. Lo puedes encontrar en tiendas especializadas en jardinería. Su principal defecto es que no afecta a los huevos, por lo que deberemos repetir el proceso durante varios días seguidos.

POLILLA (TUTA) DEL TOMATE

El rey de la huerta, el tomate, es extremadamente sensible a las plagas. Una de las más habituales es la de la tuta o polilla del tomate, una oruga que ataca directamente a las hojas de la tomatera y al fruto.

CARACTERÍSTICAS:

- La tuta hace pequeñas galerías en los frutos y en las hojas de las plantas, por las que se extiende, llegando a destruir la tomatera entera.

TRATAMIENTO:

- Espolvorear aceite de neem sobre la planta o regar con agua mezclada con este aceite.
- Regar con té de jengibre.
- Utilizar la bacteria *Bacillus thuringiensis* (es la misma indicada, en la página anterior, para combatir las orugas).
- Podemos hacer un seto de plantas que atraigan a insectos depredadores.
- Preparar y aplicar con un pulverizador el mejor insecticida ecológico casero, el apichi.

PULGÓN

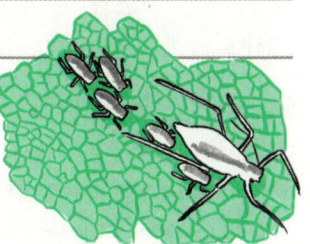

Es una de las plagas más habituales en el huerto, sobre todo en primavera.

CARACTERÍSTICAS:

- Los hay de varios colores (amarillos, verdes y negros, principalmente) y, por lo general, son polífagos (comen de todo). Absorben la savia de las plantas hasta dejarlas muy débiles, tanto que pueden llegar a marchitarse y morir.
- Cuando veamos dos o tres pulgones en nuestras plantas debemos actuar cuanto antes, pues se reproducen rápidamente y vuelan a otras plantas.

TRATAMIENTO:

- Podemos aplicar infusión de ajo (hace que se vayan), especialmente cuando ya queden pocos ejemplares, siempre a primera hora de la mañana o al atardecer.
- El apichi, el purín de ortiga y el jabón potásico son muy efectivos y podemos prepararlos fácilmente en casa.

CÓMO HACER INFUSIÓN DE AJO

PASOS:

1. Machaca 4 dientes de ajo y ponlos en 1 litro de agua. Déjalo reposar toda una noche.

2. El día siguiente pon la mezcla a hervir durante 20 minutos. Apaga el fuego y añade 1 cucharada sopera de jabón potásico (opcional).

3. Deja enfriar y cuela los ajos para que no obstruyan el pulverizador.

4. Pon la mezcla en un pulverizador y utilízalo durante 3 días seguidos.

5. Impregna la planta por todos lados volteando las hojas y vigilando que la mezcla no toque la tierra para no alterar la microbiología del suelo.

TRIPS

Son unos insectos diminutos (1-3 mm) que podemos encontrar en el envés de las hojas o dentro de las flores. No provocan daños graves al cultivo, aunque actúan como vectores de varios virus.

CARACTERÍSTICAS:

- Los síntomas son unas manchas de color plomizo en las hojas, flores o frutos rodeadas de unos puntos negros, que son los excrementos de estos insectos. En muchas ocasiones las flores se caen al suelo. También puede haber algunas deformaciones en las diferentes partes de la planta.

- Afectan a cultivos como la berenjena, el pimiento, el calabacín, las judías, la sandía o el melón.

TRATAMIENTO:

- Para prevenirlos, podemos colocar trampas cromáticas (en este caso de color azul) para que se queden pegados, así como mantener a raya las malas hierbas.

- Aplicar jabón potásico mediante pulverización.

- Pulverizar aceite de neem.

- Aplicar apichi.

- En invernaderos, podemos poner mallas anti-trips para evitar que entren.

COMBATIR HONGOS
CON REMEDIOS CASEROS

Las enfermedades causadas por hongos afectan a las plantas cuando las condiciones de temperatura y humedad favorecen su desarrollo y propagación. A continuación verás los más habituales en la huerta y la mejor manera de combatirlos.

BOTRYTIS

Se trata de una enfermedad bastante común provocada por un hongo que puede aparecer en hortalizas, árboles frutales y arbustos. También se la conoce como «moho gris», ya que las partes afectadas suelen cubrirse con una capa de ese color. Suele aparecer después de muchos días de lluvia fuerte y constante y cuando las temperaturas están entre los 15-25 °C, es decir, en primavera y otoño.

TRATAMIENTO:

- Arrancar las partes afectadas para evitar que se propague la enfermedad.
- Aplicar purín de ortiga mediante pulverización.
- Aplicar aceite de neem + bicarbonato sódico.
- Aplicar fungicida de leche.
- Aplicar purín de cola de caballo.

FUNGICIDA DE LECHE

Los ingredientes que se necesitan para preparar este fungicida son leche desnatada y bicarbonato de sodio. Hay que tener cuidado porque es muy fuerte. Debemos pulverizar poca cantidad y siempre al atardecer, ya que puede quemar las hojas.

1. Usaremos 8 partes de agua de lluvia (puede ser agua del grifo, pero debe dejarse reposar durante 2 días), dos partes de leche desnatada y 20 gr de bicarbonato de sodio por cada litro de mezcla.

2. Mezclamos el agua con la leche y posteriormente añadimos la cantidad de bicarbonato correspondiente.

3. Introducimos en un pulverizador, agitamos y aplicamos sobre la planta diariamente, siempre al atardecer.

4. Una vez erradicados los hongos, podemos aplicarlo de forma preventiva cada 15 días.

CHANCRO

Se trata de una enfermedad provocada por un hongo que causa malformaciones y bultos en las hojas de las plantas y árboles. El hongo se introduce en la planta debido a las lesiones que causan las plagas, la acción del viento o la lluvia, o una mala poda.

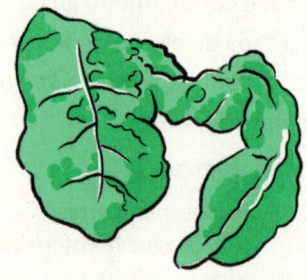

TRATAMIENTO:

- Para prevenir, lo mejor es aplicar fungicidas, como el purín de ortiga, de cola de caballo o de leche, y pulverizar cada 8-10 días.
- Las hojas afectadas debemos arrancarlas y quemarlas para evitar que la enfermedad se expanda.
- Desinfectar las herramientas de poda con alcohol o lejía antes de empezar a trabajar en otra planta.
- Si el tronco principal se ha visto afectado, raspamos con un cuchillo o una navaja y quitamos el chancro. Después aplicamos pasta cicatrizante para injertos.

DUMPING OFF (HONGO PYTHIUM)

El dumping off es una enfermedad bastante común, producida por el hongo *Pythium,* que ataca a las hortalizas en su fase inicial. Puede presentarse antes de que la semilla germine (se pudre) o antes de que salgan las primeras hojas. El tejido del tallo cercano al suelo se vuelve blando y acuoso, y la planta se marchita. Aparecen manchas de color café o negras y regiones hundidas en la parte inferior del tallo. El exceso de humedad —porque ha llovido o porque hemos regado el semillero en exceso— es la principal causa.

TRATAMIENTO:

- Aplicar infusión de ajo para intentar que la enfermedad retroceda.
- Si la enfermedad sigue avanzando, lo mejor es quitarlo todo, tanto la tierra como la planta, y lavar con agua y lejía los recipientes para asegurarnos de que no quedan esporas.

NEGRILLA (FUMAGINA)

Este hongo suele aparecer en las plantas después de haber estado infectadas durante un tiempo por ciertas plagas (pulgón, cochinilla o mosca blanca). Es fácil de distinguir porque es de color negro y tiene una textura parecida al polvo o al hollín.

TRATAMIENTO:

- Lavar la zona afectada con agua a presión para evitar que el hongo se propague.
- Aplicar un tratamiento ecológico con jabón potásico (diluido al 2 %).
- Hacer una poda para sanear la zona afectada.
- Aplicar fungicida de leche, de cola de caballo o purín de ortigas.

FUNGICIDA DE COLA DE CABALLO

- Este fungicida ecológico lo podemos preparar fácilmente en casa. Nos ayudará a prevenir los ataques de hongos (mildiu, oídio, botrytis, chancro, etc.), ya que fortalece el sistema celular de las plantas y aporta numerosos nutrientes. Hay dos formas de prepararlo: purín de cola de caballo (se puede almacenar) o infusión de cola de caballo (debemos usarlo de forma inmediata).

- En verano debemos usar este fungicida, de forma preventiva, cada 8-10 días, y si nuestros cultivos se han visto atacados por algún hongo, lo usaremos cada 3 días, evitando siempre las horas más calurosas del día.

- El mejor momento para cosechar cola de caballo es a finales de verano, pero si no tienes acceso a ella puedes comprarla y secarla tú mismo en casa.

PREPARACIÓN:

1. Mezclamos 25 gr de cola de caballo con un litro de agua. Removemos durante 15 minutos y lo dejaremos macerar durante 24 horas. Al día siguiente volvemos a remover y lo filtramos en una botella. De este modo obtendremos el concentrado.

2. Para cada uso diluimos una medida de concentrado por 4 de agua.

3. Como método preventivo rociaremos las plantas con el fungicida cada 8 días, y como método curativo lo utilizaremos 3 días consecutivos, y repetimos a la semana siguiente.

OÍDIO Y MILDIU

Son dos hongos que afectan a la superficie de las hojas de las plantas y que, si no son prevenidos ni tratados, se expanden como la pólvora, provocando graves daños en el huerto. El oídio produce manchas blancas, mientras que las del mildiu son amarillas en la superficie y blancas en el envés de la hoja. Los dos producen los mismos daños y necesitan el mismo tratamiento.

Suelen aparecer en primavera, pero pueden durar hasta el otoño. Afectan a numerosas plantas de jardinería, como begonias, crisantemos, claveles, rosas, etc., pero también a frutas, hortalizas y árboles frutales, como el melón, la sandía, los pepinos, las calabazas, las tomateras, las patatas, la vid o los melocotoneros.

TRATAMIENTO:

- En el caso de que reconozcamos que nuestras plantas han sido atacadas por el oídio, podemos aplicar azufre, espolvoreado sobre las hojas, por la mañana o al anochecer, nunca cuando las temperaturas sean muy altas. Repetir varias veces el tratamiento.

- Aplicar fungicida de leche, de cola de caballo, o purín de ortiga.

TABLA DE ENFERMEDADES Y PLAGAS SEGÚN EL CULTIVO

CULTIVO	ENFERMEDADES MÁS COMUNES	PLAGAS MÁS COMUNES	TRATAMIENTO
Berenjena	Botrytis, mildiu, verticilosis, esclerotinia, alternaria.	Mosca blanca, pulgón, trips, orugas.	Purín de ortiga y de cola de caballo. Fungicida de leche, aceite de neem.
Calabacín	Oídio, botrytis.	Pulgón, araña roja, mosca blanca, trips.	Fungicida de leche, purín de cola de caballo, infusión de ajo, apichi, aceite de neem.
Crucíferas	Oídio, mildiu, botrytis, podredumbre, roya.	Pulgón, polillas, mosca blanca, caracoles y babosas.	Purín de ortiga y de cola de caballo, infusión de capuchina, infusión de consuelda, jabón potásico.
Espárrago	Botrytis, roya, fusariosis, estemfilosis, mal vinoso.	Gusano del alambre, gusano blanco, mosca del espárrago, pulgón, escarabajo del espárrago, oruga del espárrago.	Infusión de ajo, purín de cola de caballo, purín de ortiga, jabón potásico, aceite de neem.
Frambuesa	Botrytis, oídio, roya, verticilosis, virosis.	Pulgón, araña roja, mosca blanca, mosca del vinagre, nemátodos, trips.	Purín de ortiga, fungicida de leche, purín de cola de caballo, infusión de capuchina, apichi, aceite de neem.
Fresa	Oídio, botrytis, viruela del fresal.	Araña roja, pulgón, trips, rosquilla negra, babosas y caracoles.	Fungicida de leche, purín de ortiga, purín de cola de caballo, aceite de neem, apichi.

CULTIVO	ENFERMEDADES MÁS COMUNES	PLAGAS MÁS COMUNES	TRATAMIENTO
Guisante	Hongos de la rabia del guisante, roya, oídio.	Mosca blanca, gorgojo del guisante, araña roja, pulgón verde, polilla del guisante.	Purín de ortiga, purín de cola de caballo, infusión de consuelda, aceite de neem, apichi, jabón potásico.
Haba	Hongo negrilla, botrytis.	Pulgón, trip del guisante.	Jabón potásico, aceite de neem, tierra diatomea, purín de ortiga.
Judía	Oídio, podredumbre del tallo, roya, dumping off.	Araña roja, araña blanca, mosca blanca, pulgón, trips, orugas, nemátodos.	Purín de ortiga, fungicida de leche, infusión de ajo, apichi, aceite de neem, jabón potásico, extracto de hiedra.
Lechuga	Tip burn, oídio, mildiu, botrytis, esclerotinia, flor prematura.	Pulgón, mosca blanca, orugas, caracoles y babosas, gusanos de alambre, nemátodos.	Fungicida de capuchina, purín de ortiga, aceite de neem, infusión de consuelda.
Maíz	Roya del maíz, tizón del maíz, carbón de la espiga, virus del mosaico.	Pulgón, gusanos del maíz, araña roja, ratones, topillos, caracoles y babosas.	Purín de ortiga, aceite de neem, aceite de parafina, apichi.
Melón	Oídio, mildiu, chancro.	Araña roja, mosca blanca, pulgón, trips, orugas.	Apichi, jabón potásico, infusión de consuelda, aceite de neem, aceite de parafina, purín de ortiga.
Patata	Mildiu, negrilla de la patata, viruela de la patata, fusariosis, enverdecimiento.	Pulgón de la patata, escarabajo de la patata, araña roja, gusano de alambre, orugas.	Purín de ortiga, aceite de neem, apichi, jabón potásico.

CULTIVO	ENFERMEDADES MÁS COMUNES	PLAGAS MÁS COMUNES	TRATAMIENTO
Pepino	Oídio, botrytis, virosis.	Pulgón, araña blanca, araña roja, mosca blanca, trips, orugas, nemátodos.	Purín de ortiga, purín de cola de caballo, apichi, jabón potásico, aceite de neem.
Pimiento	Mildiu, oídio, botrytis, sarna del pimiento.	Araña roja, araña blanca, pulgón, mosca blanca, orugas, caracoles y babosas, trips.	Purín de ortiga, purín de cola de caballo, fungicida de leche, infusión de ajo, apichi.
Puerro	Mildiu, roya, tizón, botrytis.	Mosca de la cebolla, trips, polilla de la cebolla, nemátodos.	Purín de cola de caballo, aceite de neem, fungicida de leche.
Remolacha	Alternaria, amarillez virosa, lepra de la remolacha, mal vinoso, oídio, mildiu, roya, botrytis.	Pulgón, mosca de la remolacha, gusano del alambre, gusano gris, nemátodos.	Fungicida de capuchina, aceite de neem, purín de ortiga, purín de cola de caballo, infusión de consuelda.
Sandía	Chancro, oídio, mildiu, botrytis.	Pulgón, oruga, mosca blanca, araña roja, trips, nemátodos.	Purín de ortiga, purín de cola de caballo, infusión de ajo, apichi, jabón potásico, aceite de neem.
Tomate	Oídio, mildiu, roya, botrytis.	Pulgón, mosca blanca, trips, orugas, araña roja.	Apichi, jabón potásico, purín de ortiga, purín de cola de caballo, aceite de neem.
Zanahoria	Oídio, botrytis, mildiu.	Mosca de la zanahoria, gusanos grises, gusanos del alambre, pulgón, nemátodos, caracoles y babosas.	Purín de ortiga, purín de cola de caballo, extracto de hiedra, jabón potásico, aceite de neem.

FLORA

AUXILIAR

y

MEDICINAL

A la hora de planificar nuestro huerto ecológico —pensando siempre en cómo obtener de él los mejores resultados—, no debemos olvidarnos de esas plantas y flores que ayudan a los cultivos a repeler plagas y atraer polinizadores para mejorar la producción. Esta flora auxiliar no solo embellecerá el terreno, sino que colaborará en la tarea de mantener el huerto en buen estado.

FLORA AUXILIAR BENEFICIOSA PARA EL HUERTO

Hablamos de uno de los principales aliados del huerto, pues nos ayudará a repeler las principales plagas que afectan a los cultivos sin necesidad de usar productos químicos. Estas plantas atraen a los polinizadores (insectos) y, como consecuencia, contribuyen a mejorar la producción. A menudo pasan desapercibidas porque no «producen» alimentos; sin embargo, su presencia es muy ventajosa porque, además de repeler plagas y evitar enfermedades, nos permiten elaborar remedios caseros y, en ocasiones, podemos usarlas en la cocina.

Las siete plantas auxiliares más recomendables para tener en el huerto son las siguientes:

CALÉNDULA

- Es una planta de escasa altura (40 o 50 cm), de tallos erectos y ramificados desde la base hasta formar densas matas, que necesitan un terreno suelto y que drene bien. Agradece la exposición solar y las temperaturas suaves.

- Suele usarse en cosmética natural y para infinidad de recetas, ya que sus flores son muy apreciadas en la cocina.

- Su color llamativo atrae a los insectos polinizadores. Actúa como «planta trampa» para multitud de plagas. Se recomienda plantarla cerca de los pimientos, las berenjenas o los tomates.

- La caléndula supone un importante aporte de fósforo al terreno. Además, florece continuamente, circunstancia que muchos insectos aprovechan para el proceso de polinización.

CAPUCHINA

- Es una planta anual que se resiembra sola y crece rápidamente.

- Protege el suelo porque actúa como acolchado natural y atrae a numerosos insectos polinizadores, ya que actúa como «planta trampa» al hacer que las plagas (la mosca blanca, el pulgón, los caracoles o las babosas) vayan a ella y dejen en paz a nuestros cultivos.

- Sus hojas se pueden usar para preparar fungicidas y repelentes.

CONSUELDA RUSA

- Las grandes y nutritivas hojas de esta planta sirven como acolchado o activador de compost, reforzando y estimulando los cultivos.

- Puede alcanzar los 2 m de altura y apenas requiere cuidados. Lo mejor es situarla en los bordes del huerto o del bancal. Le gustan los climas húmedos y templados.

- A partir del segundo año de vida podemos usarlas para elaborar extractos y abonos líquidos.

- Atrae a numerosos insectos polinizadores.

COSMOS

- Es una planta muy fácil de cultivar y lo ideal es ponerla en los bordes del huerto.

- Puede llegar al metro y medio de altura y se resiembra sola gracias a las semillas que caen cuando se le secan las hojas.

- Atrae a insectos polinizadores y fauna auxiliar, como la crisopa, los sírfidos y las avispas, que nos ayudan a combatir plagas como el pulgón o las orugas.

TAGETES

- Aunque hay diferentes variedades, la más beneficiosa es la que tiene flores de color amarillo y anaranjado, también conocida como tagete patula.

- Es fácil de cultivar, por lo que es habitual encontrarla en los jardines de las ciudades.

- Las flores de los tagetes son comestibles: sus pétalos se pueden añadir a ensaladas. También se usan como colorante natural en algunos guisos y en repostería, y como tinte natural para la seda, el algodón o la lana.

- Atrae a insectos polinizadores y a depredadores, como las mariquitas, los sírfidos, las crisopas, las avispas parasitarias o las chinches insectívoras.

- Es buena para combatir plagas, como la de la mosca blanca o las polillas de la col.

TANACETO

- Es una planta herbácea perenne cuyo tallo llega a alcanzar los 90 cm de altura. Es extremadamente resistente al frío, no requiere demasiados cuidados y es ideal para colocarla en los bordes del huerto.

- Atrae a numerosos insectos polinizadores y a los principales enemigos del pulgón, como las mariquitas. Además, es un estupendo repelente de moscas, mosquitos, polillas y gorgojos.

- La infusión de tanaceto puede usarse como insecticida y fungicida, sobre todo para las tomateras afectadas por el hongo mildiu. También funciona como «herbicida» natural, ya que inhibe la germinación de las semillas.

- No debe echarse en el compost, porque frena la descomposición y fermentación. Es importante controlarla porque puede llegar a ser una planta invasora.

ZINNIA

- Aunque suele ser de pequeño tamaño, puede alcanzar los 90 cm de altura.

- Es de origen mexicano y sus flores de colores llamativos sirven de reclamo a numerosos insectos polinizadores.

- Es buena para repeler plagas y enfermedades porque atrae, sobre todo, a las avispas alfareras.

- Su ciclo de vida es anual, por lo que hay que replantarla año tras año.

PLANTAS AROMÁTICAS Y MEDICINALES

Las plantas aromáticas son esenciales en los huertos ecológicos no solo para repeler plagas y atraer a insectos polinizadores, sino, además, para usarlas como condimento en la cocina y preparar infusiones que atenúan los síntomas de diversas enfermedades, como resfriados, dolores de cabeza y musculares, y problemas digestivos y de ansiedad. Lo ideal es crear un jardín de biodiversidad, bordeando el huerto o el bancal.

Las siete plantas aromáticas que nunca deben faltar en el huerto son las siguientes:

ALBAHACA

- Imprescindible en el huerto, aunque tendremos que plantarla cada año. Es una excelente aliada para combatir algunas de las plagas más habituales, como la de la mosca blanca y el pulgón, y hongos como el mildiu o el oídio. Por ello lo mejor es asociarla con los tomates, los pimientos, el calabacín y el pepino.

- Le gusta mucho el sol, un suelo rico en materia orgánica y la humedad, así que no podemos olvidar los riegos.

- Es un icono de la cocina italiana, pero está muy extendida en las cocinas de todo el mundo por su aroma fresco, dulzón y muy penetrante. Se puede consumir en crudo o cocinada.

- Tiene efectos diuréticos, antiinflamatorios y antioxidantes, y actúa como relajante muscular.

LAVANDA

- Es un pequeño arbusto perenne, leñoso, con estrechas hojas de color verde grisáceo y flores azules violetas en espigas que florecen en verano. De agradable aroma, lo mejor es ponerla bordeando el huerto.

- Se adapta bien a cualquier estructura de suelo, aunque prefiere los ligeros, arenosos y bien drenados (no soporta los encharcamientos).

- Debe plantarse en primavera, aunque en zonas templadas la podemos sembrar durante todo el año.

- Atrae a un montón de polinizadores y con ella podemos preparar un excelente repelente de hormigas.

- Se usa como remedio natural contra la ansiedad o el estrés, y también favorece la digestión y ayuda a conciliar el sueño.

MENTA (HIERBABUENA)

- Una aromática imprescindible, tanto en la cocina como en el huerto, que nos ayuda a repeler pulgones. Lo ideal es ponerla en los bordes del huerto porque atrae a insectos beneficiosos, como las mariquitas, y polinizadores, como las abejas. Además, repele plagas, como la de la mariposa de la col, la mosca de la zanahoria, las hormigas, e incluso roedores.

- Es una planta perenne bastante resistente que se adapta a casi todo tipo de climas (prefiere los templados) y de suelos, aunque estos deben estar bien drenados.

- Por lo general, se cultiva en pequeños bancales auxiliares o en recipientes cerrados para limitar su crecimiento, ya que es una planta invasora que puede llegar a «robar» el terreno a otros cultivos.

- Es ideal para preparar infusiones y mojitos. Actúa como analgésico y es buena para los problemas de digestión. Además, cuenta con propiedades relajantes y ayuda al sistema inmunitario.

PEREJIL

- Se desarrolla muy bien en lugares en semisombra y es un excelente repelente de plagas como el pulgón o la mosca de la zanahoria. Además, si lo cultivamos entre los tomates y las cebollas, ayudará a mejorar su desarrollo y potenciará su sabor.

- A diferencia de otras aromáticas, el perejil debe plantarse cada año. Se adapta a casi cualquier clima, a cualquier tipo de suelo y a la exposición solar, por lo que es ideal para principiantes.

- Las hojas de perejil son ricas en vitaminas y minerales, y se usan para potenciar el sabor en las cocinas de todo el mundo.

- Tiene efectos antioxidantes, antiinflamatorios y diuréticos.

ROMERO

- Es una de las plantas aromáticas más conocidas y lo ideal es plantarla en los bordes del huerto para atraer a los insectos polinizadores.

- Es un arbusto leñoso de hojas perennes muy ramificado y ocasionalmente achaparrado y que puede llegar a medir 2 m de altura.

- Requiere muy pocos cuidados y aporta un aroma inconfundible al huerto.

- Repele plagas, como la de la mosca de la zanahoria.

- En los humanos ejerce un efecto diurético, antiinflamatorio y, sobre todo, antioxidante (mantiene la piel joven).

SALVIA

- Imprescindible en el huerto ecológico porque atrae a numerosos polinizadores y ayuda a repeler insectos perjudiciales, como la mosca de la zanahoria, las hormigas, la mosca blanca, la mariposa de la col, los pulgones, las babosas y los caracoles.

- Es una planta arbustiva de unos 50 cm de alto con unas flores increíblemente bonitas. Lo mejor es plantarla en los bordes del huerto, ya que puede afectar negativamente al crecimiento de algunas hortalizas.

- Se adapta a casi todos los suelos, aunque prefiere los calizos, ligeros y bien drenados. Necesita sol directo y crece rápidamente sin necesidad de muchos cuidados.

- Tiene efectos antiinflamatorios, antioxidantes y antisépticos, y ayuda con los problemas digestivos.

TOMILLO

- Es un arbusto perenne y leñoso que suele crecer silvestre. No es necesario plantarlo cada año y lo ideal es que comparta los bordes del huerto con el romero y la lavanda.

- Su aroma inconfundible ayudará a repeler babosas y caracoles, y a controlar plagas tan habituales como la del pulgón. También es eficaz contra la mariposa de la col y podemos extraer aceites esenciales con propiedades bactericidas, insecticidas y fungicidas.

- No requiere muchos cuidados y se adapta bien a cualquier suelo y clima. Debe plantarse en primavera, aunque, si lo hacemos de semilla, lo mejor es hacerlo en invierno para que florezca en primavera y en verano.

- Es una planta muy usada como condimento en la cocina mediterránea: sus hojas se usan para dar sabor a verduras, hacer más digestivos embutidos y quesos, o aromatizar carnes.

- También tiene propiedades medicinales: combate cólicos, dolores de estómago y gases, y es un magnífico diurético.